子供の科学★サイエンスブックス

星座神話と星空観察
星を探すコツがかんたんにわかる

沼澤茂美
脇屋奈々代

誠文堂新光社

美しい星空を見に出かけよう！…4

春の星座…5

春の星空…6
春の星座…8
おおぐま座・りょうけん座…10
おおぐま座の物語…12
かに座・しし座…14
かに座の物語…16
しし座の物語…17

うみへび座・ろくぶんぎ座・
　コップ座・からす座…18
うみへび座の物語…20
うしかい座・おとめ座ほか…22
うしかい座の物語…24
おとめ座の物語…25

夏の星座…27

夏の星空…28
夏の星座…30
こぐま座・りゅう座…32
りゅう座の物語…34
こと座・はくちょう座・わし座…36
こと座の物語…38
はくちょう座の物語…39

わし座の物語…39
へびつかい座・へび座・たて座…40
へびつかい座（＋へび座）の物語…42
さそり座・いて座…44
さそり座の物語…46
いて座の物語…47

星座神話と星空観察
星を探すコツがかんたんにわかる

秋の星座…49

秋の星空…50
秋の星座…52
やぎ座・みずがめ座…54
やぎ座の物語…56
みずがめ座の物語…57
ペガスス座・アンドロメダ座…58
アンドロメダ座の物語…60

ペガスス座の物語…61
ケフェウス座・カシオペヤ座…62
ケフェウス座・カシオペヤ座の物語…64
ペルセウス座・おひつじ座…66
ペルセウス座の物語…68
おひつじ座の物語…69

冬の星座…71

冬の星空…72
冬の星座…74
おうし座・ぎょしゃ座…76
おうし座の物語…78
ぎょしゃ座の物語…79
オリオン座・うさぎ座…80

オリオン座の物語…82
おおいぬ座・とも座…84
おおいぬ座の物語…86
とも座（アルゴ船座）の物語…87
ふたご座・こいぬ座…88
ふたご座の物語…90

星の明るさと距離…26
いろいろな天体…48
動く星空…70
双眼鏡と天体望遠鏡の選び方と使い方…92
さくいん…93

美しい星空を見に出かけよう!

　夜、晴れてさえいれば、どんなところでも星を見ることができます。ただ、都市の中では、たくさんの街灯や車のライト、ネオンサインなどの強い光に照らされて空が明るく、淡い星々の光は見えません。天の川や星雲や星団が見えないばかりか、星座の形もたどることができません。

　しかし、市街地でも、建物の影や木の陰に入ってまぶしい明かりを遮るようにすると、意外と星が見えたりします。でも、一番よいのは町から離れた郊外へ出かけることです。街灯の無い山間地や高い山、離島などで見る星空はすばらしい眺めです。南の空の低いところにある天体などを見る時は、できるだけ見晴らしのよい場所で、なるべくその方向に都市が無い場所を探しましょう。都市の光は遠く離れても影響を及ぼします。たとえば50万人くらいの人口の都市ですと、100km離れても、その方向の夜空は明るく見えます。

　また、気象条件や、その土地の地形によっても星の見え方は大きく変わります。たとえば、春先は、黄砂の影響や春がすみで星がよく見えない時がありますし、夏に晴れの日が何日も続くと、空がだんだんぼんやりとかすんできて淡い天体が見にくくなってしまいます。逆に、雨が降ったあとや、台風が過ぎ去ったあとの、いわゆる「台風一過」の空は非常によく澄んでいます。なお、日本海側は冬は長期間厚い雲におおわれ、めったに晴れません。山間地の川や沼の周りでは、もやや霧が発生することがあります。それから、危険な場所に行かないように気をつけましょう。

　夜空に月がある日も暗い天体は見えません。特に満月に近い頃は、明るい星さえよく見えません。月の光の影響ができるだけ少ない日を選びましょう。月の沈む時刻や昇ってくる時刻は、新聞や『天文年鑑』（誠文堂新光社刊）、天文雑誌などで調べることができます。

明るい空
街灯、車のライトやネオンサインなどの人工光があると、夜空が明るく照らされ、淡い星の光は見にくくなります。

暗い空
人工の光から遠く離れた郊外では夜空が暗く、明るい星々はより明るく輝き、淡い天体まで見ることができます。

春の星座

春の星空

　春の星座は、1等星がたくさん輝く冬の星座と明るい天の川に沿って輝く夏の星座の間にあって、少しさみしい感じがします。しかし、ここにはギリシャ神話に登場する怪物星座が集まっています。しし座は鋼の皮膚を持つ人喰いライオン、かに座は巨大な化けガニ、うみへび座は9つの頭を持ち、口から毒ガスを吐く巨大な蛇の姿です。これらの星座を探すには「春の大曲線」と「春の大三角」がよい目印になります。

春の星座

- ★おおぐま(大熊)
- ★かに(蟹)
- ★やまねこ(山猫)
- ★しし(獅子)
- ★こじし(小獅子)
- ★うみへび(海蛇)
- ★ろくぶんぎ(六分儀)
- ★ポンプ
- ★からす(烏)
- ★コップ
- ★かみのけ(髪の毛)
- ★りょうけん(猟犬)
- ★うしかい(牛飼い)
- ★かんむり(冠)
- ★おとめ(乙女)
- ★らしんばん(羅針盤)

　春、サクラの花の咲く頃の天気は「春がすみ」や「花曇り」という言葉があるほど、景色がぼんやりして遠くが見にくかったり、薄雲が空をおおったりすることがよくあります。そんな春の季節に見える星座は、あまり目立たないと感じるかもしれません。

　それは、春の星座には巨大なものが多く、88ある全星座の中で一番大きな「うみへび座」、2番目の「おとめ座」、3番目の「おおぐま座」のすべてがここにそろっているからです。これらは大きいわりには星の数がそれほど多くないため、少し閑散とした感じがします。

　また、春の夜空には、冬のオリオン座や夏の七夕の星のように目立つ星が無いことも、そうした理由の1つかもしれません。しかし、北斗七星やオレンジ色の明るい星「アークトゥルス」などは、一度たどれば忘れられない目印です。また、春の星座の方向には、望遠鏡で見ると、星よりたくさんの数の「銀河」という天体が見えるといわれます。銀河はとても遠くにあり、たくさんの星が集まった天体です。

アークトゥルス　スピカ

星には色の違いがあり、双眼鏡や望遠鏡を使うとよりはっきりとわかります。うしかい座の1等星アークトゥルスはオレンジ色、おとめ座のスピカは純白の色の星です。

春の星座の探し方

　まず、北の空に輝く「北斗七星」を探しましょう。空高く、ほとんど同じ明るさの7つの星がひしゃくの形に並んでいるので、かんたんに見つけられるでしょう。ひしゃくの柄をその曲がり具合に沿ってのばしてゆくと、オレンジ色のアークトゥルスを通り、純白のスピカを通って、台形に並んだ星々にぶつかります。これが「春の大曲線」です。アークトゥルスは「うしかい座」、スピカは「おとめ座」の目印で、台形に並んだ星は「からす座」です。

　また、アークトゥルスとスピカを結んで、右の方へ正三角形を作ると「春の大三角」ができあがります。3つ目の星デネボラはしし座のしっぽに輝きます。

　春の大三角のすぐ上にはいくつかの星がぱらぱらと集まった「かみのけ座」があります。

北斗七星のある　　　　　小さな星座
おおぐま座・りょうけん座

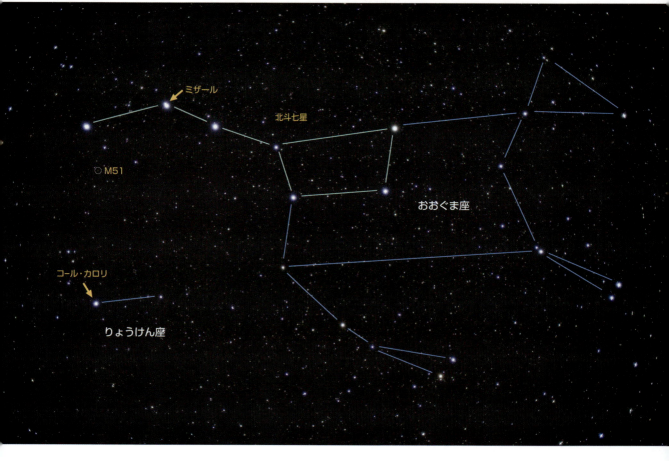

　北の空高く、7つの星がひしゃく、または、大きなフライパンの形に並んでいるのが「北斗七星」です。これが、「おおぐま座」の目印です。北斗七星は大熊のしっぽから背中にあたります。北斗七星以外に明るい星はありませんが、図と見くらべながら順に星を探していくと、意外とかんたんにおおぐま座の姿が浮かび上がります。全天の星座の中では3番目に大きな星座です。午後9時におおぐま座を見るなら、5月頃が最も空高く輝いて見やすいでしょう。

　北斗七星のひしゃくの柄とかみのけ座の間あたりには、柄と平行に2つの小さな星が並んでいます。これが「りょうけん座」です。

春 の 星 座

双眼鏡・望遠鏡を向けてみよう

まず最初に、北斗七星の描くひしゃくの柄の先から2番目の星ミザールを目をこらして見てみましょう。すぐそばに小さな星が1つくっついているのが見えたなら、視力がよいということになります。小型の双眼鏡を使って見ると、はっきりわかります。

北斗七星やりょうけん座付近には銀河（P48で解説）と呼ばれる天体がたくさんありますが、ほとんどはとても暗くて小さく、大望遠鏡でないと見ることができません。しかし、M51は例外です。双眼鏡でもぼんやりした小さな光の雲に見えます。望遠鏡で見ると、大小2つの銀河がつながっているように見えるため「子持ち銀河」とも呼ばれています。

ミザール

目のよい人なら双眼鏡無しでミザールのすぐ隣に暗い星アルコルが並んで輝く姿が見えます。口径6cmくらいの望遠鏡を向けると、2つの星の間にも小さな星が見えてきます。注意して見ると、ミザールがさらに2つの星でできているのがわかります。

コール・カロリ

りょうけん座の二重星です。口径6cmくらいの望遠鏡でも、2つの星が並んで輝く姿が見られます。白く明るい星のすぐそばに、とても小さな星がくっついて見えます。よく注意して見ないと見逃してしまいます。

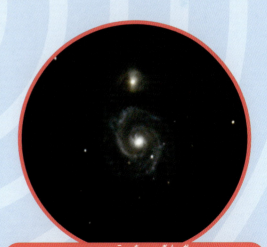

M51 子持ち銀河

空が暗ければ、7×50（倍率7倍、口径50mm。P92で解説。）の双眼鏡で小さなぼんやりした光に見え、口径10cmくらいの望遠鏡なら大小の光の雲がくっついた姿を見ることができます。口径20cmくらいなら渦巻きの腕の存在が感じられます。

おおぐま座の物語
森の大王につかまれしっぽがのびてしまった大熊

　おおぐま座は、ギリシャ神話では森のニンフ（位の低い女神たち、精霊、妖精を意味する）のカリストの変わり果てた姿だといいます。カリストは神々の王ゼウスの子供を生んだために、ゼウスの妃ヘーラ女神に憎まれ、呪いによって大熊に姿を変えられてしまったのだそうです。

　しかし、星座の熊は本当の熊と大きく違うところがあります。それは、しっぽです。本当の熊にくらべて星座の熊は、しっぽがとても長いのです。アメリカ・インディアンに伝わる星座物語は、なぜおおぐま座のしっぽが長いのかを教えてくれます。

　昔、ある森の近くの洞窟に1匹の大きな熊が住んでいました。ある春の日、熊は川で魚を捕り、蜂蜜をなめ、野原を駆け回って遊んでいるうち、あたりがすっかり暗くなってしまいました。急いで家へ帰ろうとしましたが、運悪く月の無い暗い夜だったため、道がよく見えず、熊は間違えて森の奥深くへ迷い込ん

ボーデの星図に描かれた
おおぐま座

春 の 星 座

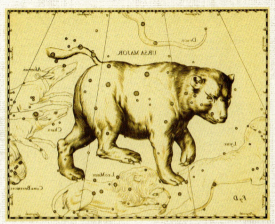

ヘベリウスの星図に描かれた　おおぐま座。ヘベリウスの星図は星が天球という球に貼り付いていると考え、天球を外から見たように描いているため、私たちが見る星座はすべて裏返しになっています。本書ではヘベリウスの星座図を裏返しにして、地球から見た姿に直しています。そのため、文字がすべて裏返しになっています。

イタリアのファルネーゼ宮殿のフレスコ画に描かれた　おおぐま座。ヘベリウスの星図と同じく天球を外から見た姿の星座図が描かれています。本書では星座図を裏返しにして、地球から見た姿に直しています。

でしまいました。昼でも暗い森の中ですから、あたりは真っ暗で何も見えません。熊は必死で出口を探して森の中をさまよい歩きました。

すると、突然、ひそひそ…ひそひそ…どこからともなく声が聞こえてきました。驚いた熊はあたりを見回しましたが、誰もいません。きっと風が木の葉を揺らした音だ、と思った熊は、また歩き出しました。すると、また、ひそひそ…ひそひそ…と声が聞こえます。熊は、今度は立ち上がって、周りをじっくり見回しました。すると、森の木々があちらこちらに動き回り、話をしていたのです。驚いた熊は駆け出しました。ひどくあわてて、あちらの木にぶつかって転んだかと思えば、こちらの木にぶつかって転がりました。とにかく逃げようと、走り続けました。どこをどう走っているのかさえわかりません。

その時です。とても大きな樫の木が熊の方に向かって、ずしん、ずしん、と音を立てながら近づいてきました。実は、この樫の木は、森の大王でした。びくびくしながら歩いていた熊を見て、思いっきり怖がらせてやろうと考えていたのです。大王は長い枝をのばすと、熊のしっぽをつかんで、空中に持ち上げてしまいました。

熊は、恐ろしくて恐ろしくて、必死に暴れました。ちょっとからかうつもりだった大王でしたが、熊があまりに暴れるので、とうとうかんしゃくを起こして、熊をぶんぶん振り回すと、空高く投げ上げたのです。

熊は、空にぶつかって星となりましたが、森の大王にしっぽを持って振り回されたために、しっぽが長くなってしまったのだそうです。

かに座・しし座
プレセペが目印　勇壮な姿

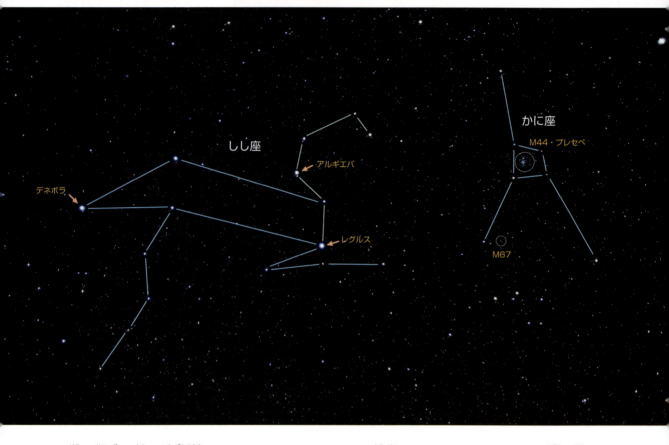

　春の星座の中で一番形がわかりやすいのが「しし座」でしょう。4月初旬の夜9時頃、真南の空に輝きます。「？」の形を裏返した姿に星が並んだところがしし座の目印です。これは「ししの大がま」と呼ばれ、しし座の頭から胸にあたります。ここから東の方へ星たちをつないでいくと、大空を駆ける獅子（ライオン）の姿が浮かび上がります。心臓に輝く白い1等星はレグルスで、しっぽに輝く星はデネボラです。

　しし座の鼻先には「かに座」があります。3月中旬の夜9時には南の空高く輝きます。かに座を探す一番の手がかりは、空の暗い夜、甲らのところにぼんやり輝く星の群れ「プレセペ星団」です。

春の星座

双眼鏡・望遠鏡を向けてみよう

しし座には、おおぐま座やりょうけん座と同じくたくさんの銀河がありますが、残念ながら小さな望遠鏡では、どれも淡い光のシミにしか見えません。

このあたりで一番注目したい天体は、かに座のプレセペ星団です。空が暗ければ双眼鏡無しで、ぼんやり輝く小さな光の雲に見えます。しかし、その姿が昔の人には不気味だったらしく、古代中国では「死体から立ちのぼる妖気が集まっているもの」、古代ギリシャでは「人々が生まれる時、魂が通ってくる出口」だと考えられていました。双眼鏡を向けるとたくさんの星が集まった美しい姿を楽しむことができます。

M44 プレセペ星団

かに座の散開星団です。空が暗ければ肉眼でもぼんやりした雲のように見えます。双眼鏡を使うと、たくさんの星々が集まっているのがわかります。望遠鏡では視野からはみ出し、星団の一部しか見ることができないため、美しさが半減してしまいます。

M67

かに座の散開星団で、プレセペ星団の近くに見えています。プレセペ星団より遠方にあるため、プレセペ星団より小さな範囲に小さな星がたくさん集まって見えていて、口径10cmくらいの望遠鏡なら星が密集した美しい姿が見られます。

アルギエバ

しし座の二重星です。口径5cmの望遠鏡でも二重星であることがわかりますが、もう少し大きな望遠鏡を使うと、明るさの違う2つの金色の星が並んで輝き、とても美しい眺めです。

かに座の物語
厚い友情を持った怪物の最後

　ギリシャ神話の中で最も大活躍する英雄といえばヘラクレスかもしれません。ヘラクレスは神々の王ゼウスの息子ですが、ヘーラ女神の呪いによって愛する妻と子どもを殺してしまい、その罪の償いのため、12年間、ティリュンス王エウリステウスのために働き、12の大冒険を行いました。その2番目が、アミモーネの沼に住むヒドラ退治です。

　ヒドラは、9つの頭を持ち、大きさは人間の20倍もある巨大な蛇です。口からは毒ガスを吐きます。アミモーネの沼にやってきたヘラクレスはヒドラと激しい戦いを繰り広げました。この戦いについては、うみへび座のところ（P20）で詳しくご紹介します。

　さて、ヘラクレスがこん棒で激しくヒドラを殴りつけた時、さすがの怪物も一瞬ひるみました。すかさずヘラクレスが攻撃しようとしたその時、ヘラクレスの足を巨大な化けガニが挟みました。化けガニはヒドラと同じ沼に住むヒドラの友人でした。化けガニはただ体が大きいだけで、他に武器となるものは何も持っていませんでしたが、友人のヒドラが殴られているのを黙って見ていられなかったのです。

　ヘラクレスは、こん棒を振り上げると一撃で化けガニを退治してしまいました。しかし、この間にヒドラは体勢を立て直し、再び戦いが始まりました。これを見ていたヘーラは、化けガニの友情に打たれ、その姿を星座にしました。それが、かに座だといいます。

ボーデの星図に描かれたかに座

春の星座

しし座の物語
鋼の皮膚を持つ人喰いライオンとヘラクレスの死闘

　古代ギリシャでは、日本の戦国時代のようにたくさんの小さな国々がひしめいていました。ネメアはその1つです。このネメアの森に、いつの頃からか人喰いライオンが住み着き、近くに住む村人や通りがかった旅人を襲っていました。何人もの勇者が退治に向かいましたが、誰1人戻ってきませんでした。

　この話がティリュンスの国王エウリステウスの耳に入ると、王は、神々の王ゼウスから預かっていた若者ヘラクレスにこの怪物退治を命じたのです。これがヘラクレスを有名にした12の大冒険の最初のものとなりました。

　ネメアの国にたどり着いたヘラクレスは、森の中を案内してくれる人を探しましたが、怪物の住む森を案内してくれる人など誰もいません。仕方なく、ヘラクレスは、1人で森の中へと入っていきました。20日間、森をさまよったあと、ヘラクレスは、とうとう人喰いライオンに出会いました。ライオンは今、食事をしてきたばかりなのか、口から真っ赤な血を滴らせていました。

　ヘラクレスはすぐにライオンめがけて何本も矢を放ちましたが、矢はみんな鋼のような皮膚にはじき返されてしまいました。剣を抜いて切りかかりましたが、その剣も曲がってしまい歯が立ちません。こん棒を握りしめたヘラクレスは全身の力を込めてライオンの頭を殴りつけました。こん棒は真っ二つに折れてしまいましたが、やはりライオンはびくともしませんでした。それどころか、怒ったライオンはヘラクレスに向かって飛びかかってきたのです。とっさに身をかわしたヘラクレスはライオンを素手で押さえつけ、3日3晩、首を絞めて、ついに退治することができました。

　ネメアの人々は帰ってきたヘラクレスを大歓声で迎えました。

　この様子を見ていたヘーラ女神は、ヘラクレスを相手によくぞ闘ったと、この人喰いライオンをほめ、その姿を星座にしました。ヘーラはヘラクレスが大嫌いだったからです。こうして、しし座が誕生しました。

ヘベリウスの星座に描かれた　しし座。裏返しで掲載しています（理由はP13に解説）。

最も大きな星座　小さな星座たち
うみへび座・ろくぶんぎ座・コップ座・からす座

　「うみへび座」は全星座の中で一番大きな星座です。かに座、しし座、おとめ座の南を通り、点々と星が続いています。かに座の下にある頭を見つければ、星をたどるのはそれほどむずかしくありません。うみへび座の心臓に輝く2等星コルヒドレは星の少ない場所で赤く輝き、目立ちます。
　「からす座」、「コップ座」、「ろくぶんぎ座」はうみへび座の胴体の上に乗る小さな星座です。からす座は春の大曲線の終点に位置し、探しやすいでしょう。その右隣にコップ座があります。

春 の 星 座

双眼鏡・望遠鏡を向けてみよう

うみへび座やからす座方向にもたくさんの銀河が見えています。特に見やすいのが、うみへび座にあるM83と、おとめ座にあるM104ソンブレロ銀河です。双眼鏡を使うと淡く小さな光の雲に見えます。M104はおとめ座とからす座の境界近くにあり、からす座から探すのがかんたんです。

ただ、銀河の光は弱いので、月のない夜に、郊外の暗い空で見るのがよいでしょう。暗い天体を見るコツは、あまり視野の中央部をじっと見ようとせず、少し目をそらしぎみに見ることです。淡い光がだんだん見えてくるでしょう。

コルヒドレ

うみへび座の心臓に輝く星で、アルファルドとも呼ばれます。赤い色をした星で、双眼鏡や望遠鏡を使って見ると、色の赤さがよくわかります。星の色は星の表面温度を表していて、赤い色は表面の温度が低いことを意味しています。

M104 ソンブレロ銀河

おとめ座の銀河です。7×50の双眼鏡ならぼんやり輝く小さな光に見え、口径10cmくらいの望遠鏡を通して見ると、「ソンブレロ（メキシコで使われているつばの広い帽子）」のような姿が見えてきます。

M83

うみへび座にある銀河で、あまり有名ではありませんが、意外に明るく見やすい銀河です。7×50の双眼鏡でぼんやり輝く小さな光のように見えます。口径10cmくらいの望遠鏡を向けると、渦巻きが何となくわかります。

うみへび座の物語
9つの頭を持ち口から毒ガスを吐く怪物

　ヘラクレスはティリュンスの国王エウリステウスの命令で、12の大冒険を行いましたが、その第2番目がアミモーネの沼に住む怪物ヒドラ退治でした。

　ヘラクレスが甥のイオラーオスといっしょにアミモーネの沼までやってくると、沼の周りには、水を飲みにきてヒドラの毒で死んだ動物たちがあちらこちらにたくさん横たわっていました。しかし、肝心のヒドラの姿はどこにも見あたりません。その時、神々の王ゼウスにヘラクレスを助けるよう頼まれた女神アテナが現れ、ヒドラは洞窟の奥で眠っていると、教えてくれました。

　ヘラクレスが火のついた矢を洞窟の奥深くに打ち込むと、昼寝をじゃまされて怒ったヒドラが洞窟から出てきました。ヒドラは、9つの頭を持ち、大きさは人間の20倍もある巨大な蛇でした。

　ヒドラはヘラクレスの両足にからみつき、ヘラクレスを大地に倒すと、顔に毒ガスを吹きかけてきました。しかし、ヒドラが毒ガスを吐くことを聞いていたヘラクレスはとっさに息を止め、こん棒でヒドラの頭をさんざん殴りつけました。これには、さすがのヒドラ

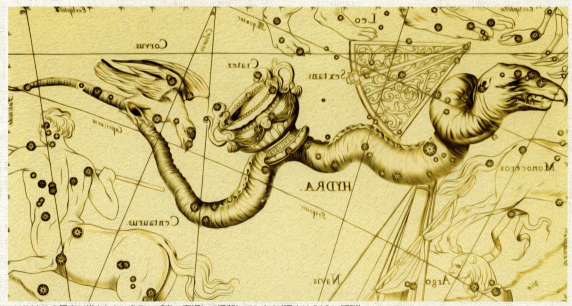

ヘベリウスの星座に描かれた　うみへび座。裏返しで掲載しています（理由はP13に解説）。

春 の 星 座

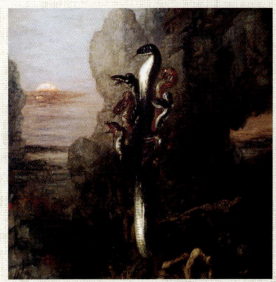
名画に描かれたヒドラの姿。グスタフ・モロー画

イタリアのファルネーゼ宮殿のフレスコ画に描かれたうみへび座の頭の部分。裏返しで掲載しています（理由はP13に解説）。

もひるみ、ヘラクレスの足を放してしまいました。

その時、沼から巨大な化けガニが飛び出してきて、ヘラクレスの足をはさみで挟みました。ヘラクレスはいともかんたんに化けガニを振り払うと、こん棒を振り上げ、一撃で化けガニを仕留めてしまいました。

その間にヒドラは体勢を立て直していました。ヒドラは9つの頭からいっせいに毒ガスを吐きながらヘラクレスに襲いかかってきます。ヘラクレスは、剣を抜いて、ヒドラに切りつけましたが、ヘラクレスが、ヒドラの頭を切り落とすと、なんと、その切り口からはすぐに新しい頭が生えてきました。別の頭を切り落とすと、また新しい頭が、別のを切ると、これまた新しい頭が生えてきました。これでは、いくら切ってもきりがありません。

そこでヘラクレスは、甥のイオラーオスを呼ぶと、たいまつに火をつけるよう頼みました。そして、自分がヒドラの首を切り落としたら、すかさずその切り口を焼くように頼んだのです。ヘラクレスの予想通り、焼かれた首からは2度と新しい頭が生えてきませんでした。

ヘラクレスは8つの頭を切り落としましたが、最後の首、9番目の首だけはいくら切りつけても、傷1つつけることができません。そこで、ヘラクレスは山のような大岩を持ち上げると、ヒドラめがけて投げつけ、岩の下に閉じ込めて退治したのです。

その戦いぶりを見ていたヘーラ女神は、よく戦ったと、ヒドラの姿を星座にしました。それが、うみへび座なのです。

オレンジ色の星が目印　青白い星が目印
うしかい座・おとめ座ほか

　春の夜空で最も明るく輝くオレンジ色の星はアークトゥルスです。ここからネクタイを逆さまにしたような形に星が並んでいるところが「うしかい座」です。うしかい座は6月中旬の夜9時頃、頭の真上付近で輝きます。
　アークトゥルスの南には青白い1等星が輝いています。これはスピカといい、ここからアルファベットのYの文字の形に星が並んでいるのが「おとめ座」の目印になります。おとめ座は全星座の中で2番目に大きな星座ですが、星の数が少なく、なれないと形をたどりにくいかもしれません。4月上旬の夜9時頃、南の空に輝きます。

春 の 星 座

双眼鏡・望遠鏡を向けてみよう

かみのけ座からおとめ座にかけては銀河の大密集地帯です。空が暗ければ7×50程度の双眼鏡で、いくつかの銀河がぼんやりした小さな光の雲に見えます。口径20cmくらいの望遠鏡があればもう少し詳しい様子もわかります。いくつ探せるか挑戦してみるのもおもしろいでしょう。

おとめ座銀河団

左ページの□で示した場所の拡大です。いくつもの銀河がありますが、一番明るいM84とM86は口径10cmくらいの望遠鏡を用いて60倍程度の倍率で見ると、同じ視野に2つの淡く小さな楕円形の光の雲として見えます。

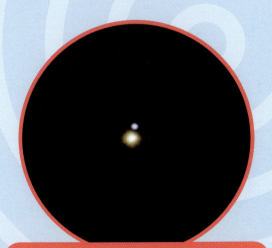

プリケルマ

うしかい座の二重星です。ラテン語で「最も美しいもの」という意味があります。口径6cmくらいの望遠鏡を通して見ると、オレンジ色と青い色の星が並んで輝き、色の違いが美しい二重星です。

ポリマ

おとめ座の二重星です。口径10cmくらいの望遠鏡を使うと、同じ明るさの2つの星がよりそって輝く姿を見ることができます。2つの星は年々少しずつ離れていて、だんだん見やすくなっています。

うしかい座の物語

熊に変えられた悲しい母子

　ギリシャの神々の王ゼウスと、美しい森のニンフのカリストとの間に、アルカスという男の子が生まれました。しかし、ゼウスの妃ヘーラ女神の呪いでカリストは熊の姿に変えられてしまいました。自分の運命を悲しんだカリストは、息子を置いて森の奥深くへと姿を消してしまいました。

　息子アルカスは、親切なニンフのマイヤに拾われて、大切に育てられました。やがて20年の歳月が経ち、アルカスは立派な狩人に成長しました。

　ある日、友人たちといっしょに狩りに出かけたアルカスは1人はぐれてしまい、深い森の中に迷い込んでしまいました。そこで、大きな熊にばったりと出くわしたのです。それこそ、母カリストの変わり果てた姿でした。カリストは、目の前の若者が自分の息子だとすぐにわかり息子を抱きしめようとしましたが、アルカスには大きな熊が襲いかかってくるようにしか見えませんでした。驚いて弓に矢をつがえ、熊を殺そうとしました。

　天からそれを見たゼウスは、息子に母親を殺させてはいけないと思い、アルカスも熊に変えると、母子の熊を星座にしました。これが、おおぐま座とこぐま座です。さらに、狩人アルカスの姿はうしかい座になりました。

ボーデの星図に描かれた
うしかい座とりょうけん座

春の星座

おとめ座の物語
おだやかな気候のギリシャに冬が生まれたわけ

　農業の女神デーメーテールと神々の王ゼウスの間には1人娘のペルセフォネーがいました。ある日、ペルセフォネーは仲良しの少女たちと夢中になって花を摘んでいましたが、いつの間にかいなくなってしまいました。

　それを知った農業の女神は、世界中を探して回りました。そして、ついに、冥界の王ハデスがペルセフォネーを妻にするために連れ去ったことを突き止めました。デーメーテールは、怒りと悲しみでいっぱいになり、神々の国を去って地上の神殿に閉じこもってしまいました。そのため世界中の草花は枯れ、木々は実をつけなくなってしまったのです。

　このままでは動物も人間も死に絶えてしまう、とあわてたゼウスはハデスにペルセフォネーを母親に返すよう説得しました。神々の王の言葉には逆らえません。ハデスは渋々説得に従いましたが、ペルセフォネーが地上へ帰る時、ざくろの実をプレゼントしました。それはあまりに美味しそうで、ペルセフォネーは4粒だけ食べてしまいました。

　帰ってきた娘を見て、農業の女神は喜び、地上には新しい緑の芽がいっせいに顔を出しました。しかし、ペルセフォネーが冥界の食べ物を食べたと知った女神は再び悲しみに沈んだのです。冥界の食物を食べた者は冥界から出られないという掟があったからです。

　ゼウスが2人の神々の仲介に入りました。ペルセフォネーはハデスと結婚し、食べたザクロの実の数である4ヶ月間を冥界で暮らし、残りの8ヶ月は母と一緒に天界で暮らすように、とゼウスは命じました。ペルセフォネーといっしょに暮らす8ヶ月間、デーメーテールは喜びに満ち、大地は緑にあふれ、様々な木の実や穀物、野菜が育ちますが、ペルセフォネーが冥界で過ごす4ヶ月間、デーメーテールは悲しみ、すべての植物が枯れてしまいます。こうして、おだやかだったギリシャに冬が訪れるようになったと伝えられています。

　おとめ座は農業の女神デーメーテールの姿か、またはペルセフォネーの姿だといわれています。

ボーデの星図に描かれた　おとめ座

星の明るさと距離

★星の明るさ

　天体の明るさは「等級」という単位で表されます。古代ギリシャの天文学者が、星空で明るく輝く上位20個の星を1等星、目で見える一番暗い星を6等星と決めたのが始まりです。後に、1等星は6等星の100倍明るく、1等星は2等星の2.5倍、2等星は3等星の2.5倍明るいことがわかりました。現在では、こと座の1等星ベガを0.0等星と決めて、ほかの星の明るさを計算しています。0等星より明るい星は－(マイナス)を付けて表します。たとえば夜空で最も明るい恒星シリウスの明るさは－1.5等星です。

星の明るさ
オリオン座（P80で紹介）の星の明るさを示しました。たとえば0.6と書いてあるのは0.6等級の意味です。

★天体の距離

　星や天体までの距離を示すとき、私たちが普通に使っている単位では数字が大きくなりすぎてしまいます。たとえば、私たちに一番近い星までの距離は約41兆（41,000,000,000,000）kmありますが、これでは距離を表すのがたいへんです。そこで、星や天体までの距離を表す新たな単位が決められました。これが「光年」という単位です。宇宙で最も速い速度を持つ「光」が1年かかって到達する距離を「1光年」と定めました。1光年は約9兆5千億kmに相当します。これを使うと、最も近い星までの距離は4.4光年となります。また、「パーセク」という単位が使われることもあります。1パーセクは3.26光年に相当します。

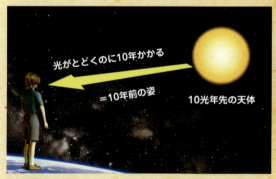

星の距離と時間
星の距離は光が1年かかって届く距離を1光年とした単位を使っています。そのため、10光年の距離にある天体からの光は10年かかって私たちに届いた光です。つまり、今日、皆さんが10光年彼方の天体を見ることは、10年前にその天体を出発した光ですから、10年前の姿を見ていることになります。

夏の星座

夏の星空

夏の宵、南の地平線から東の空高くを通り北の地平線へと夏の天の川が輝きます。残念ながら、都会の明るい空の下では天の川を見ることは不可能ですが、郊外の暗い空なら、まるで白い帯状の雲のようにはっきりと見えます。主な夏の星座は、この天の川に沿ってたどることができます。まずはじめに、空高く輝く3つの星が形作る「夏の大三角」を探しましょう。夏を代表する星座のうちの5つは1等星を持ち、星の並びもわかりやすいので、見つけるのはむずかしくありません。

夏の星座

- ★こぐま(小熊)
- ★ヘルクレス
- ★へびつかい(蛇使い)
- ★へび(蛇)
- ★てんびん(天秤)
- ★さそり(蠍)
- ★いて(射手)
- ★みなみのかんむり(南の冠)
- ★たて(盾)
- ★こと(琴)
- ★りゅう(竜)
- ★わし(鷲)
- ★いるか(海豚)
- ★はくちょう(白鳥)
- ★や(矢)
- ★こぎつね(小狐)

夏は花火大会を見て帰りが遅くなったり、長い夏休みを利用して海や山へ出かける機会が多く、四季の中で最も夜空を見上げる機会が多い季節でしょう。

夏の星空といえば、美しい天の川は見逃せません。天の川は、秋の星空や冬の星空にも見られますが、夏の天の川と呼ばれる部分は最も明るく幅も広く、空の暗いところで見る様子はすばらしい眺めです。

天の川はたくさんの星々が集まった部分ですが、その様子は双眼鏡を向けるとよくわかります。南の地平線付近のいて座やさそり座付近の天の川は最も明るく見えます。双眼鏡ではたくさんの細かな星がちりばめられ、星雲や星団が光のかたまりとしてたくさん浮かんで見えます。一方、天の川を頭の上の方、七夕の星々のあたりへ移動していくと、星の粒が少しずつ大きくなり、天の川が星の集まりだということがよくわかるでしょう。

空に光る星々と地上で光るホタルたちです。長いシャッター速度で撮影したため、ホタルと星の動きが線を描いて写っています。

夏の星座の探し方

夏の星座の目印は空高く輝く3つの星が形作る「夏の大三角」です。一番明るいのが、「こと座」のベガ(織り姫星)、2番目が「わし座」のアルタイル(彦星)、3番目が「はくちょう座」のデネブ(「かささぎ」という鳥)です。

南の低い空に見える天の川の西(右)の岸には「さそり座」が輝いています。赤い1等星アンタレスを挟んで星が巨大なSの文字の形に並んでいます。その左、天の川が最も幅広く明るいあたりが「いて座」です。6個の星が小さなひしゃく、あるいはスプーンの形に並ぶ「南斗六星」が目印です。

そして、さそり座の上には大きな五角形が目印の「へびつかい座」があります。へびつかい座の頭の星に隣り合うように輝くのが「ヘルクレス座」の頭の星です。台形を2つつないだような形が胴体になります。ヘルクレス座にはとても明るいM13という球状星団(天体の種類についてはP48に解説)があります。

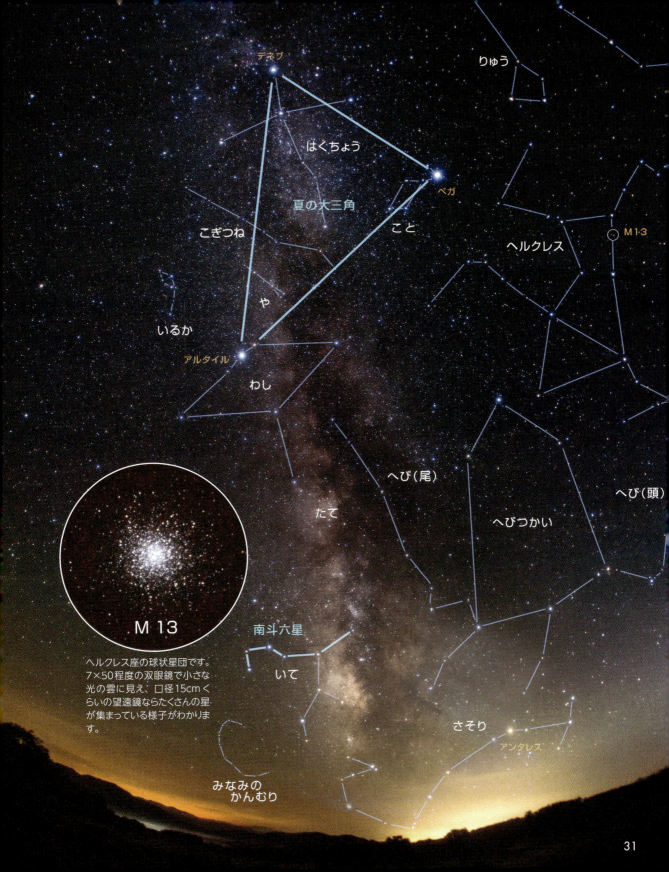

M13
ヘルクレス座の球状星団です。7×50程度の双眼鏡で小さな光の雲に見え、口径15cmくらいの望遠鏡ならたくさんの星が集まっている様子がわかります。

北の空に輝く星座
こぐま座・りゅう座

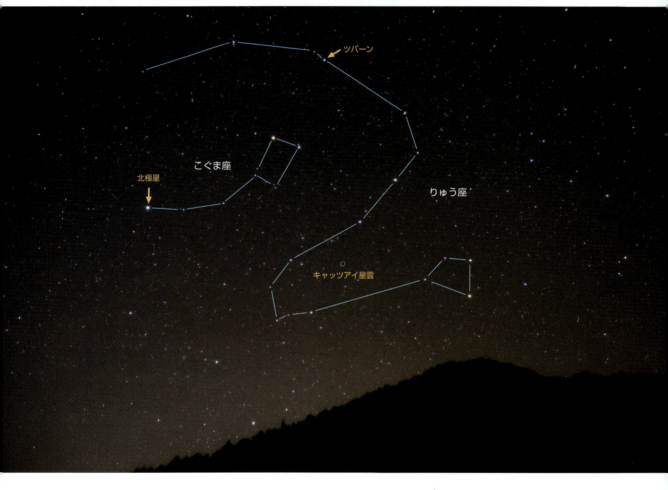

北西の空高く「北斗七星」が輝いていますが、この北斗七星とひしゃくを合わせるような形で、小さなひしゃくの形に7つの星が並んでいます。北斗七星が「おおぐま座」の目印なのに対して、この小さなひしゃくは「こぐま座」の目印です。ひしゃくの柄の先に輝くのが「北極星」です。

こぐま座を取り巻くように星が続いているのが「りゅう座」です。頭を形作る4個の台形に並んだ星々は、こと座のベガの近くにあります。頭が見つかれば、図を頼りに星をたどってゆくのはかんたんです。

夏 の 星 座

双眼鏡・望遠鏡を向けてみよう

この領域で一番有名な天体といえば「北極星」でしょう。星は時間や季節によって見える方向が変わりますが（P70で解説）、北極星はほとんど動かず、常にほぼ真北の空に輝いています。方位磁石やGPSが無かった昔は、方角を教えてくれる星として大切にされました。北極星は望遠鏡で見ることのできる二重星でもあります。

りゅう座には「キャッツアイ星雲」と呼ばれる、よく知られた惑星状星雲（P48で解説）があります。昔の観測者が望遠鏡で見た時、見かけの様子が天王星のように見えたことから、そのような天体を「惑星状星雲」と呼ぶようになりました。その正体は一生を終えた星のなごりです。

星の日周運動

北の空にカメラを向けて約2時間半の星の動きを撮影したものです。地球が自転しているため、星空は「天の北極」を中心に23時間56分で1回転しています。これを星の「日周運動」と呼んでいます。矢印で示した北極星は、天の北極のすぐ近くにあるため、ほとんど位置が変わりません。

北極星

正式名はこぐま座の「ポラリス」です。二重星で、口径10cmくらいの望遠鏡を使うと明るい星の近くに小さな星が並んで輝いているのがわかります。明るさの差が大きいので、注意して見ないと見逃してしまうことがあります。

キャッツアイ星雲

りゅう座にある惑星状星雲です。口径6cmくらいの望遠鏡では緑色の小さな光のかたまりに見えるでしょう。惑星状星雲という名前が付いた理由がわかると思います。口径20cmくらいの望遠鏡を用いれば、緑色（エメラルドグリーン）の星雲の中に模様が見えてきます。

りゅう座の物語
黄金のリンゴを守るラドン

　人喰いライオンや9つの頭を持つヘビの怪物を退治して有名になったヘラクレスがそのあと、エウリステウス王に命じられたのが秘境ヘスペリデスの園にある黄金のリンゴを1つ持ってくることでした。このリンゴは神々の王ゼウスと女神ヘーラの結婚のお祝いに、大地の女神ガイアがヘーラに贈ったものです。ヘーラはその木をヘスペリデスの園に植え、巨人アトラスの娘たちに木の世話を命じ、100の頭を持ち口から火を吐く竜ラドンにリンゴの木を守るよう命じていました。

　ヘスペリデスの園を探して旅に出たヘラクレスでしたが、誰に聞いても、それがどこにあるのか知る人はなく、世界中をさまよい歩きました。ある時、出会ったニンフたちが、賢者プロメテウスなら知っているはずだと言い、彼のいる場所を教えてくれました。

　プロメテウスは世界の東の果てにある山に鎖で縛られていました。毎日、1羽の鷲がやってきて、プロメテウスの体をつっつき内臓を食べますが、不死身のプロメテウスの体は次の日には元通りになり、終わることの無い苦しみが続いていたのです。プロメテウスは神の持ち物だった「火」と「知恵」を人間に与えたため

ヘベリウスの星図に描かれた　りゅう座。
裏返しで掲載しています
（理由はP13に解説）。

夏の星座

天をかつぐヘラクレス。16世紀に活躍したハインリッヒ・アルデグレーヴァーによる線画を元に色を付けたものです。

に、神の罰を受けていたのでした。ヘラクレスはプロメテウスが気の毒になり、鎖を解いてやりました。喜んだプロメテウスは、ヘスペリデスの園には人間は入れないこと、自分の弟アトラスも中に入ることはできないが、彼の娘たちがリンゴの世話をしているのでリンゴをもらってこられるだろう、と教えてくれました。

アトラスは神々に戦争を仕掛けた罪で、世界の西の果てで天をかついでいました。アトラスのもとにたどり着いたヘラクレスは黄金のリンゴを取ってきてほしい、と頼みました。しかし、あそこにはラドンという恐ろしい竜がいて娘たちでさえリンゴを取ることはできない、とアトラスは言います。見ると、遠くに見えるリンゴの木に大きな竜が巻き付いています。ヘラクレスは、狙いを定めて、矢を放ちました。矢は見事にラドンに命中し、ラドンはそのまま死んでしまいました。

アトラスがリンゴをもらってくる間、ヘラクレスが代わりに天をかつぐことになりました。怪力には自信があったヘラクレスでしたが天はとても重く、足は大地にめり込み、背中が曲がってしまいました。

アトラスはすぐに娘たちから黄金のリンゴを1つもらってきてくれました。しかし、ヘラクレスから少し離れたところに立って、自分でエウリステウス王にリンゴを届けてくると言い出したのです。ヘラクレスにそのまま天をかつがせておこうという考えです。ヘラクレスがちょっと体勢を変えたいので天を支えていてくれないか、と言うと、人のよいアトラスはヘラクレスから天を受け取ってしまいました。すると、ヘラクレスは一目散に山を駆け下りてゆきました。

ヘラクレスに殺され、リンゴを1つ取られてしまったラドンでしたが、長い間リンゴの木を守ってくれたお礼にヘーラが星座にし、りゅう座が誕生したといわれています。

夏の大三角が目印
こと座・はくちょう座・わし座

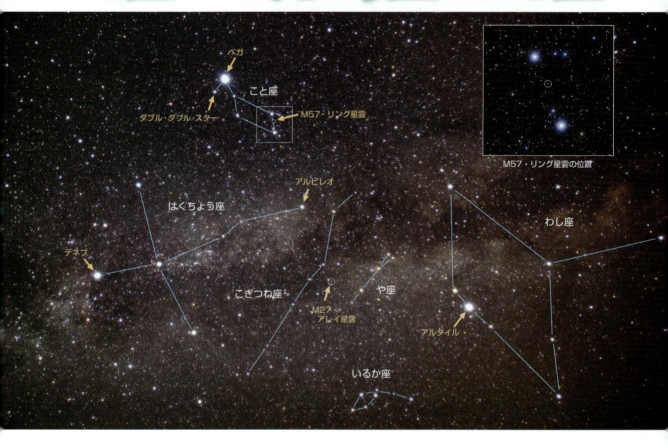

　9月中旬の夜9時頃、空高く「夏の大三角」が輝きます。この三角形を形作る星々の中で一番暗い星が、天の川の真ん中に輝く、はくちょう座のデネブです。ここから、いくつかの星が巨大な十字形を形作っているのが「はくちょう座」です。

　はくちょうの西、夏の夜空で最も明るく輝く星が、こと座のベガです。地球から見える星々の中で5番目の明るさがあり、「夏の夜の女王」とか「真夏のダイヤモンド」とも呼ばれる美しい星です。ここから小さな平行四辺形に星が並んだところが「こと座」です。

　ベガから見て天の川の反対側に輝く明るい星は、わし座のアルタイルです。アルタイルを挟んで、3つの星が一列に並ぶのが「わし座」の目印です。

夏 の 星 座

双眼鏡・望遠鏡を向けてみよう

はくちょう座は天の川の中、こと座とわし座はその縁にあって、双眼鏡を向けるとなかなかにぎやかです。いて座付近では光の雲という印象が強い天の川ですが、このはくちょう座付近では星々の粒が大きくなり、たくさんの星が集まった様子が感じられ、まるで「銀の砂」をちりばめたようです。

天の川の中には、全天で最も美しいといわれる二重星のアルビレオや、双眼鏡で小さな光の雲に見える惑星状星雲のM27やM57があります。M27は、アルタイルとアルビレオの間にある「や座」から探すと見つけやすいでしょう。

ダブル・ダブル・スター

こと座の四重星です。7×50の双眼鏡で見ると同じ明るさの白い星が並んで見えます。口径10cmくらいの望遠鏡を使うと、両方の星がそれぞれ2つずつの星として輝くのがわかります。

アルビレオ

はくちょう座の二重星で、全天で最も美しい二重星といわれています。口径5cmくらいの望遠鏡でも、オレンジ色の明るい星の隣に青い小さな星が並んで輝いて見えます。色の違いがとてもきれいです。

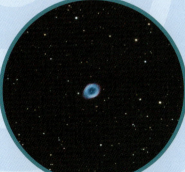

M57 リング星雲

こと座の惑星状星雲です。7×50の双眼鏡では存在だけがわかります。口径10cmくらいの望遠鏡を用いて100倍くらいの倍率で見ると、ドーナッツ状の姿が確認できます。空が澄んでいる時はその形がはっきりわかります。

M27 あれい状星雲

こぎつね座の惑星状星雲です。7×50の双眼鏡を使って見ると、小さく淡い光の雲に見えます。口径10cm以上の望遠鏡なら、地図記号の銀行のマークに似た姿を見ることができます。見かけは、リング星雲の約5倍の大きさです。

こと座の物語

悲しい音色が聞こえてくる

　オルフェウスは、トラキア王と音楽の女神カリオペーの間に生まれました。音楽の神アポロンが竪琴を贈り、音楽の女神達が演奏を教えたので、オルフェウスはギリシャ一の音楽家となりました。オルフェウスが竪琴を弾きながら歌うと、猛獣や草木でさえその音楽に聞き入ったといいます。

　オルフェウスはニンフのエウリディケと結婚していましたが、その妻が、ある時、毒蛇にかまれて死んでしまいました。悲しみにくれたオルフェウスは死者の国から妻を連れ戻そうと決心し、旅立ちました。

　エウリディケへの愛を歌いながら進むと、すべてのものがオルフェウスに死者の国への道を示してくれました。冥界の入り口では生きた人間を見れば引き裂くという番犬ケルベロスが猫のようにおとなしくなり、冥界とこの世をへだてる川の渡し守カロンは涙を浮かべてオルフェウスを死者の国へと渡してくれました。

　冥界の王ハデス神も心を打たれて、特別にエウリディケを返そうと約束してくれました。ただし、冥界を出るまで、決して後ろを振り返ってはいけない、とハデスはきつく言い渡しました。

　オルフェウスは喜び勇んで地上への道を進んでゆきました。そして、地上の光が見えた時、オルフェウスはうれしさのあまり、つい、後ろを振り返ってしまったのです。その瞬間、エウリディケの姿が煙のように消えていくのが見えました。

　エウリディケを失った悲しみに耐えられず、オルフェウスは死んでしまいました。音楽の神アポロンはギリシャ一の音楽家の記念に彼の竪琴を星座にし、こと座が誕生したといわれます。

仲の良いオルフェウスとエウリディケ。コロー画

夏の星座

はくちょう座の物語
神々の王ゼウスの変身した姿

　古代ギリシャの国スパルタでは2人の王が共同で政治を行っていました。イーカリオス王とチュンダレオス王の時代、2人は何かと気が合わず、イーカリオスは策略をめぐらせてチュンダレオスをスパルタから追放してしまいました。チュンダレオスは、アイトリアの国王のもとに身を寄せ、そこで、王女レダと恋に落ち、結婚したのです。

　このレダに、ある日、神々の王ゼウスが恋をしました。ゼウスは白鳥に姿を変えてレダを訪ねました。レダは、やがてカストルとポルックスの兄弟（P88で解説）と、クリュタイムネストラと絶世の美女ヘレネーの姉妹を生みました。カストルとクリュタイムネストラはチュンダレ

ボーデの星図に描かれた　はくちょう座とこと座

オスの子供で、ポルックスとヘレネは神々の王ゼウスの子だといわれています。

　後にゼウスは、自分がレダに会いに行った時に変身した白鳥の姿を星座にしました。それがはくちょう座です。

わし座の物語
ガニメーデスをさらったゼウス

　神々の王ゼウスがある時、下界を見下ろしていると、トロイの国の王子ガニメーデスの美しくさわやかな姿が目に入りました。とても気に入ったゼウスは、鷲の姿になってガニメーデスを神々の住むオリンポスまで連れてきました。詳しくはみずがめ座物語（P57）のところでご紹介しています。

　この時変身した鷲の姿を星座にしたのが、わし座なのだそうです。

ボーデの星図に描かれたわし座。すぐ下に描かれている少年の星座は2世紀のローマ皇帝ハドリアヌスによって作られたアンティノウス座。現在では使われていない、消滅した星座です。

巨大な五角形が目印　2つに分かれた　天の川の一部
へびつかい座・へび座・たて座

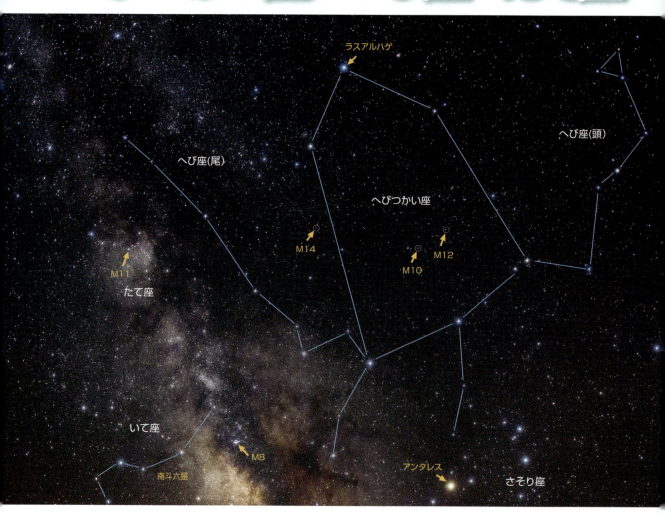

　へびつかい座は南の空に輝くさそり座の上に乗っています。大きな五角形の形に星が並んでいるところが「へびつかい座」です。その左右に暗い星がつながって「へび座」を形作っています。蛇を両手につかんで立つ男性の姿の星座で、2つはもともと1つの星座でした。
　たて座はへびつかい座の東(左)の天の川の中にあります。はくちょう座付近と地平線との中間付近にある天の川の明るい部分が「たて座」の目印です。

夏 の 星 座

双眼鏡・望遠鏡を向けてみよう

たて座は天の川の最も美しい部分を切り取って作られた星座です。アメリカの天文学者バーナードは、ここを「天の川の宝石」と呼んでいます。双眼鏡を向けると小さな星がたくさん集まっていて、感動的な眺めです。

このあたりの天の川の中には、散光星雲、暗黒星雲、散開星団、球状星団がいくつも見えています。へびつかい座の胴体部分にある球状星団M10とM12は7×50の双眼鏡で同じ視野に見ることができます。小さな光の雲に見えるだけですが、明るい球状星団が2ついっしょに見えるところはあまりありません。

スモール・スター・クラウド

「たて座のスタークラウド」とも呼ばれます。わし座とたて座の間に位置する「たて座」の天の川がひときわ明るく輝いて見える場所です。双眼鏡で見ると、細かな星がたくさん集まって、とても美しい光景です。丸で囲んだところにM11があります。

M11

たて座にある散開星団で、7×50の双眼鏡で見ると、丸い光の雲に見えます。口径8cmくらいの望遠鏡なら細かな星がびっしり集まって見え、とてもきれいです。数ある散開星団の中でも最も美しいものの1つです。

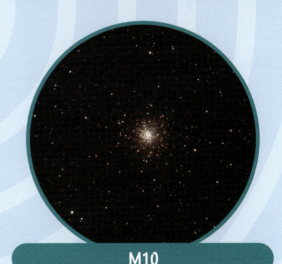

M10

へびつかい座にある球状星団で、7×50程度の双眼鏡で、ぼんやりした小さな光の雲に見えます。口径10cmくらいの望遠鏡を通して見ると、光の雲の縁の部分が星に分解して見え、球状星団であることがよくわかります。

へびつかい座（＋へび座）の物語

名医アスクレーピオス

　ギリシャの神アポロンはテッサリアの国の王女コロニスと結婚しましたが、太陽の神であり、音楽の神であり、予言の神であり、医学の神であるアポロンはたいへん忙しく、なかなかコロニスといっしょにいることができません。そこで、留守中は、人間の言葉を話すカラスに毎日コロニスが元気か、病気をしていないか、様子を見に行ってもらっていました。

　ある日、カラスがなかなか戻ってきませんでした。コロニスに何かあったのではないかと心配したアポロンはいても立ってもいられません。実はカラスは美味しそうなイチジクの実を見つけてたくさん食べていたため帰りが遅くなったのです。アポロンの神殿に戻ってきたカラスはアポロンの顔色を見て正直に話すのが怖くなりました。そこで、とっさに、コロニスがほかの男性と会っていたので報告を迷っていて遅くなったと嘘をついたのです。怒ったアポロンはすべての仕事を放り出

ボーデの星図に描かれたへびつかい座とへび座

夏の星座

してコロニスのもとへ向かいました。真夜中でしたが、コロニスの家の前には誰かが立っていました。アポロンは迷うことなく矢でその人物を射抜いてしまいました。

倒れた人影に走り寄ったアポロンはそれがコロニスだと知って驚きました。コロニスは、アポロンが来ると感じたので外で待っていたこと、お腹の中にアポロンの息子がいることを伝えると死んでしまいました。アポロンは嘘をついたカラスに重い罰を与えました。そして、コロニスの体の中から息子を助け出すと、アスクレーピオスと名付け、賢人ケイローンに育ててもらうことにしました。ケイローンは時の神クロノスの息子で、アポロンと妹のアルテミスがその才能にほれ込んで、様々な力を与えた人物です。

ケイローンはアスクレーピオスに自分の持つすべての知識を授けました。医学の神アポロンの血を受け継ぎ、もともと才能があった上に、今また優秀な先生を得て、アスクレーピオスは世界一の名医に育ちました。ほかの医者があきらめた重病人を助け、大けがをした人を元通りに治しました。やがて、知恵の女神アテナからもらった魔女メデューサの血を使って、死んだ人を生き返らせることまでできるようになったのです。

しかし、これに怒ったのが冥界の神ハデスです。人間の運命は神でさえ勝手に変えることは許されないのに、人間の分際で死者を生き返らせるなどもってのほかだ、と神々の王ゼ

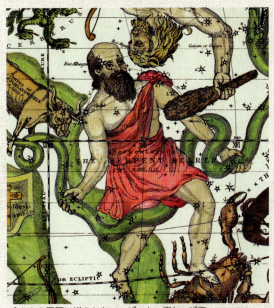

バリットの星図に描かれた　へびつかい座とへび座

ウスに激しく抗議したのです。もっともだと思ったゼウスは雷を投げつけてアスクレーピオスを殺してしまいました。しかし、彼の才能を高く評価していたので、その姿を星座に加えました。それが、へびつかい座です。

アポロンはアスクレーピオスをとても愛しており、この事件が元でゼウスと争うこととなりました。そして罰として神の力をすべて奪われ、人間の世界で何年も過ごすことになったのでした。

ところで、へびつかい座は蛇を両手に持って立っていますが、これは、アスクレーピオスが蛇の毒を薬として使っていたからだといわれています。古代ギリシャでは蛇の強い生命力は、病気を治す力と関係があると信じられ、様々な治療に使われていました。

天の川の最も明るいところが目印
さそり座・いて座

　7月中旬の夜9時頃、真南の空低く輝く真っ赤な星を見つけたら、その星を中心にアルファベットのSの文字の形に星をたどってみましょう。これが「さそり座」です。とてもわかりやすい形をした星座です。赤い星はさそりの心臓に輝く1等星アンタレスです。
　天の川の最も明るく幅の広い部分には「いて座」が輝きます。いて座は8月中旬の夜9時頃、真南の空に輝きます。いて座の目印は北斗七星をずっと小さくした姿の「南斗六星」です。6個の星が小さなひしゃく、またはスプーンの形に並んでいるのでそう呼ばれています。しかし、星の並びから半人半馬のいて座を想像するのはむずかしいかもしれません。

夏 の 星 座

双眼鏡・望遠鏡を向けてみよう

さそり座・いて座付近の天の川は、双眼鏡を向けると、まるで光のじゅうたんのように見え、その上にたくさんの星々がちりばめられています。散開星団と間違われM24という天体名が付けられた場所があるほどです。

また、このあたりには小さな光の雲や小さな星の集団がたくさん輝いていて思わず見とれてしまいます。中でも、さそり座のしっぽに輝く散開星団M6、M7の美しさは群を抜いています。いて座の散光星雲M8、M20、M17、球状星団M22は小口径望遠鏡の最適なターゲットといえるでしょう。

いて座の暗黒帯

双眼鏡を使わなくても、いて座からさそり座のアンタレスに向かってのびる黒い帯を天の川の中にはっきりと見ることができます。これらは暗黒星雲が連なったところで、光を通さない物質が背後の天の川の光をおおい隠しています。

M6・M7

さそり座の散開星団です。空が澄んでいれば、肉眼でも天の川の中で輝く小さな光の雲に見えます。7×50程度の双眼鏡で見ると、M6は小さな星がたくさん密集し、M7は大粒の星が少しまばらに集まっています。

M8 干潟星雲

いて座にあって、散光星雲と散開星団が重なって見えている天体です。空が暗ければ、肉眼でも小さな光の雲に見えます。口径10cmくらいの望遠鏡を向けると、パラパラとちらばった星々と淡い光の雲が重なって見えます。

M22

いて座にある球状星団です。双眼鏡では丸い光の雲のように見え、口径10cmくらいの望遠鏡で光の雲の中にいくつかの星が見えます。口径20cmなら星がビッシリ集まった迫力ある姿を現します。大型で迫力のある球状星団です。

さそり座の物語
オリオンを刺し殺した毒虫

　オリオンは海の神ポセイドンの息子で、とても腕のよい狩人でした。一度狩りに出かければ、必ず鹿や兎などをたくさん捕まえて帰ってきました。

　ある時、オリオンは仲間といっしょにお酒を飲んでいるうち、ひどく酔っぱらってしまいました。友達みんながオリオンをほめるので、調子に乗って自分は世界一の狩人だとさんざん威張り散らしたのです。

　しかし、いつも威張って神を敬わないオリオンを憎らしく思っていた神々は、これを聞いてたいへん怒りました。特に、大地の女神の怒りはすさまじく、オリオンを殺すために1匹のサソリを放ちました。サソリはそっとオリオンの足元に忍び寄ると、その猛毒の針をつき刺し、殺してしまいました。

　この手柄で、サソリは星座になり、さそり座が誕生しました。後にオリオンも星座となりましたが、オリオン座はさそり座が空に昇ってくると地平線の下へ隠れ、さそり座が空から姿を消さないと空に昇ってきません。それは、星座となった今も自分を殺したサソリを恐れているからだといわれています。

1825年に出版された「ウラニアの鏡」に描かれた　さそり座

※オリオンには別の物語もあります（P82で紹介）。

夏の星座

いて座の物語
半人半馬の賢者ケイローン

　ケイローンは時の神クロノスとニンフのフィリラとの間に生まれました。クロノスがフィリラに会いに行くとき、馬に姿を変えて行ったことから、ケイローンは上半分が人間、下半分が馬の姿で生まれたといいます。しかし、ケイローンはとても賢く、運動神経も抜群だったので、アポロンとアルテミスの兄妹神はケイローンをとてもかわいがりました。アポロンは音楽、医術、予言の力を与え、アルテミスは狩の技を教えました。その力を生かし、ケイローンは、若い英雄達を次々に教育するようになりました。そして、怪力ヘラクレスに戦いの技を教え、アポロンの息子アスクレーピオスを名医に育て上げました。

　ケイローンは、やがてマレア半島に家を持ちました。ある日、その家に3人のケンタウルス族が飛び込んできました。ケンタウルスは上半身が人間で、下半身が馬の姿でしたから、見た目はケイローンと同じでしたが、戦い好きで乱暴者です。その時も、英雄ヘラクレスを怒らせ、追われていたのでした。ケンタウルスたちが1軒の家に入ったのを見たヘラクレスは、そこがケンタウルスの隠れ家だと思い込み、矢を打ち込んだのです。矢は1人のケンタウルスの腕を貫き、ケイローンの膝に突き刺さりました。ヘラクレスの矢には

ヒドラの猛毒（P20で紹介）が塗ってありました。どんな怪物も矢がかすっただけで死んでしまうという猛毒です。たちまち、ケイローンは苦しみ始めました。

　家の中へ飛び込んできたヘラクレスはそれを見て真っ青になりました。ケイローンは不死身でしたが、ヒドラの毒はケイローンをひどく苦しめました。終わりのない苦しみです。見かねたヘラクレスは、神々の王ゼウスに祈り、ケイローンの不死身を解いてもらいました。ケイローンは苦しみから解放され、安らかに死の国へ降りていきました。

　ケイローンの死を惜しんだゼウスは、その姿を星座にし、いて座が誕生したのです。

イタリアのファルネーゼ宮殿のフレスコ画に描かれたいて座。裏返しで掲載しています（理由はP13に解説）。

いろいろな天体

夜空には様々な天体が見えます。その主役はなんといっても星座を形作る星（恒星）です。そして、若い星々が不規則に集まっているのが「散開星団」です。一方、年老いた星が数万個以上、球状にびっしり集まっているものは「球状星団」と呼ばれ、散開星団よりずっと大きな天体です。

星雲はガスと塵が集まったもので、近くにある高温の星の光を受けて光り輝くのが「散光星雲」です。しかし、近くに星が無いとき、星雲は輝くことができず、後方の星雲や星々の光をさえぎって、黒々とした姿を見せます。これが「暗黒星雲」です。これらは星の誕生と密接な関係があります。逆に、年老いて不安定になった星が外側を吹き飛ばして作ったのが「惑星状星雲」です。また星が大爆発して飛び散った残がいが「超新星残がい」です。ともに星の死に関係した天体です。

銀河系の外にあり、銀河系と同じく何千億個もの星の集団は「銀河」と呼ばれています。

星（恒星）
夜空に目で見えるほとんどの天体が恒星

散開星団
数十から数百個の若い星が不規則に集まった天体

球状星団
数万個以上の年老いた星が球状に集まった天体

散光星雲
ガスと塵の雲が近くの星の光と熱を受けて輝いている天体

暗黒星雲
近くに星が無く、光を出していない濃く冷たいガスと塵の雲

惑星状星雲
年老いた星が外側を吹き飛ばして作った天体

超新星残がい
星が大爆発して砕け散った残がい

銀河
数千億個の星、星雲、星団が集まって形作る巨大な天体

秋の星座

秋の星空

夏休みが終わると暑さも和らいで虫の音が聞こえるようになります。夏の天の川はまだまだ頭上高く輝いていますが、日が暮れるのも早くなり、夜空を見上げる時には肌寒さを感じるようになります。そして暗くなった東の空には秋の星座が広がっています。秋の星座には1等星がたった1個しか無く、にぎやかだった夏の星空にくらべて少しさみしい感じがします。しかし、そこに輝く星座たちの多くはエチオピア王家にまつわる壮大な冒険物語の登場人物たちです。空高く輝く「秋の大四辺形」がそれらの星座を探す案内役になってくれます。

秋の星座

- ★やぎ（山羊）
- ★けんびきょう（顕微鏡）
- ★みなみのうお（南の魚）
- ★みずがめ（水瓶）
- ★ペガスス
- ★こうま（子馬）
- ★アンドロメダ
- ★ケフェウス
- ★とかげ（蜥蜴）
- ★カシオペヤ
- ★ペルセウス
- ★さんかく（三角）
- ★おひつじ（牡羊）
- ★うお（魚）
- ★くじら（鯨）
- ★つる（鶴）
- ★ほうおう（鳳凰）
- ★ちょうこくしつ（彫刻室）
- ★ろ（炉）

　秋の星座には1等星が1つしか無く、さみしい感じがありますが、そこには壮大な冒険物語の登場人物たちが並んでいます。

　エチオピア国王ケフェウス、娘を自慢しすぎて神を怒らせてしまったカシオペヤ王妃、そして2人の娘でニンフより美しいといわれた王女アンドロメダが並んで輝き、王女の足下には怪物を退治して王女を救った英雄ペルセウスが輝きます。その周りには、ペルセウスが退治した魔女の血から生まれた空飛ぶ天馬ペガススや、海の神の命令でエチオピアと王女を襲った化けくじらも星座となっています。物語を思い浮かべながら、それらの星座を夜空に探すのも、秋の星座を見る醍醐味の1つといえます。

　また、秋の夜空には、双眼鏡や望遠鏡の力を借りなくても見ることのできる最も遠方の天体「アンドロメダ大銀河」が見えています。皆さんが見るその光は約250万年前に、アンドロメダ大銀河を出発し、はるばる私たちのところまでやってきた光です。今現在のアンドロメダ大銀河の様子は250万年たたないと知ることができません。宇宙の大きさと時の流れを実感させてくれます。

秋の夜空に輝くエチオピア王ケフェウス（右）と王妃カシオペヤ（中）、娘のアンドロメダ王女（左）の姿です。

秋の星座の探し方

　秋の大四辺形を巨大な鍋に見立てると、左（東）の方へ取っ手のように1列に星が並んでいるところが「アンドロメダ座」です。その先（東）には、人という文字の形に星が並んだ「ペルセウス座」があります。

　大四辺形の南（下）の辺と東（左）の辺に沿って星々が連なっているのが「うお座」です。また、南西（右下）の角の先にある三ツ矢のマークは「みずがめ座」の目印です。

　大四辺形の西（右）の辺をずっと下（南）にのばしたところに輝くのは「みなみのうお座」の1等星フォーマルハウト、東（左）の辺をのばしたところにあるのが「くじら座」のしっぽに輝く星デネブカイトスです。

　東（左）の辺を上（北）の方へのばしていくと、「カシオペヤ座」、「ケフェウス座」を通り、「北極星」にぶつかります。

ちょうこくしつ座にある銀河です。M31アンドロメダ大銀河にくらべて有名ではありませんが、空が澄んでいれば双眼鏡でも細長い雲状に見える大きな銀河です。口径10cmくらいの望遠鏡で細長い星雲状に見えます。

逆三角形が目印　三ツ矢が目印
やぎ座・みずがめ座

　いて座の明るい天の川の東に小さな星々が大きな逆三角形に連なっているところがやぎ座です。特に明るい星があるわけではありませんが、おおよその位置がわかれば、意外とかんたんに星をたどることができます。
　やぎ座のさらに東に目を向けると、4個の星が小さな三ツ矢の形に並んでいるのが目につくでしょう。これがみずがめ座の目印です。探しにくいときは先に秋の大四辺形を探しましょう。大四辺形の右下の角の近くにあります。三ツ矢は少年が持った水瓶で輝き、ここから南の空にぽつんと輝く1等フォーマルハウト（みなみのうお座）まで点々と続く星が流れる水を表しています。

秋 の 星 座

双眼鏡・望遠鏡を向けてみよう

やぎ座、みずがめ座ともにかなり大きな星座ですが、このあたりは明るい星があまり無く、明るい天体も無い場所です。ただ、みずがめ座には、らせん状星雲NGC7293や土星状星雲NGC7009という有名な惑星状星雲があります。特に、らせん状星雲は私たちに一番近いところにある惑星状星雲で、見かけの大きさは満月の半分もありますが、とても淡いため、空の条件が悪いと見えないこともあります。空の澄みきった月の無い夜に郊外に出かける機会があったらぜひ探してみてください。

三ツ矢

秋の大四辺形の右下、3個の3等星と1個の4等星が「三ツ矢のマーク」の形に並んでいます。明るい星で形作られているわけではありませんが、一度覚えたら忘れないほど目立っています。少年が持つ水瓶に位置し、みずがめ座の目印です。

やぎ座 α星

目のよい人なら双眼鏡を使わなくても2つの星が並んで輝いているのがわかります。右の少し暗い方の星は口径5cmくらいの望遠鏡で見ると、さらに小さな星がそばにくっついているのがわかるでしょう。

NGC7293 らせん状星雲

みずがめ座にある惑星状星雲です。口径8cmくらいの望遠鏡で淡いリング状に見えます。惑星状星雲の中では一番大きく見えますが、とても淡いために、月の無い空が澄んだ夜に、郊外の暗い空の下で探してみましょう。

NGC7009 土星状星雲

みずがめ座にある惑星状星雲です。7×50の双眼鏡では位置だけ確認できます。口径10cmくらいの望遠鏡を使うと、丸い円盤状に見えます。空がよければ、土星に似た両側に突き出た姿を確認できます。

やぎ座の物語
陽気な神パーンとシュリンクス

　山野の神で、羊飼いの守り神パーンは、伝令神ヘルメスの息子です。上半分が人間、下半分が山羊の姿で、頭には山羊の角が生え、顔には髭がぼうぼうに生えていましたから、見た目は不気味でした。しかし、とても陽気で、踊りが大好きな森のニンフたちといつも遊んでいました。

　このパーンが、ラドーン川の神の娘シュリンクスに恋をしました。ある時、偶然、野原で、シュリンクスに出会ったパーンは想いを伝えようとして彼女に駆け寄りました。しかし、不気味な姿の怪人が自分に向かって走ってくるのを見たシュリンクスは怖くなり、一目散に逃げ出しました。野を越え山を越え、逃げても逃げても、パーンは追いかけてきました。そして、とうとう、ラドーン川の川岸に追いつめられてしまいました。シュリンクスが父に助けを求めると、その姿は幻のように消えていき、彼女がさっきまで立っていた場所には、見慣れない葦の葉が風に揺れていました。ラドーン川の神がシュリンクスを葦に変えたのです。

　シュリンクスの思い出にと、パーンはその葦を折って、笛を作りました。そして、片時も放さず持ち歩き、しばしば、彼女を想って、笛を吹いていたといいます。

　ある日、パーンは、ナイル川のほとりで開かれた神々の宴会に参加しました。いつものように葦笛を吹いて神々を楽しませていると、突然、怪物テュフォンが乱入してきたのです。神々は先を争って逃げ出し、パーンもナイル川に飛び込み、魚に変身して逃げようとしたのですが、あまりに慌てていたため、下半分は魚になったものの上半分が山羊という妙な姿になってしまいました。後に、神々はこの姿がおもしろかったと大喜びし、記念にその姿を星座にしました。こうして、やぎ座が誕生したといいます。

ボーデの星図に描かれた　やぎ座とみずがめ座

みずがめ座の物語
トロイの王子ガニメーデス

　神々の住むオリンポスの神殿では、食事の時、神食アンブロシアを皿に盛り分け、神々の杯に神酒ネクタルを注いでまわるのは、ゼウス神と妃ヘーラ女神の娘で、青春の女神ヘーベの役目でした。しかし、ヘーベは、ゼウスの息子ヘラクレスと結婚したため、役目を降りることになりました。代わりに誰を任命したらよいか、ゼウスは頭を痛めていました。なにしろ、ヘーベは体全体が光輝くほどに美しく、そのため神々は一段とおいしく食事を楽しむことができたからです。

　ある日、天上から下界を眺めていたゼウスは、トロイの王子ガニメーデスが羊を追っている姿を見つけました。一目で気に入ったゼウスは、鷲に姿を変えると、ガニメーデスをつかんで、そのままオリンポスまで連れてきてしまいました。

　宮殿に着いたゼウスは正体を現し、神々の杯にネクタルを注ぐ役目をつとめるよう、ガニメーデスに言い渡しました。その代わりに永遠の若さと美しさを与えよう、と約束してくれたのです。

　ガニメーデスはたいへん喜びましたが、ただ1つ、息子がいなくなって両親がどれほど心配し、悲しんでいるかが気がかりでした。これを知ったゼウスは、トロイの国王夫妻のもとに伝令神ヘルメスを送りました。ガニメーデスは神々の国で暮らしていることを告げさせ、大切な息子の代わりにたくさんの金銀財宝を与えました。そして、息子の姿をいつでも見られるようにと、ガニメーデスの姿を星座にしました。こうしてできたのが、みずがめ座です。

鷲に姿を変えてガニメーデスを神々の国に連れ去る神々の王ゼウス。アントニオ・アッレグリ・ダ・コレッジョ画

秋の大四辺形から続く

ペガスス座・アンドロメダ座

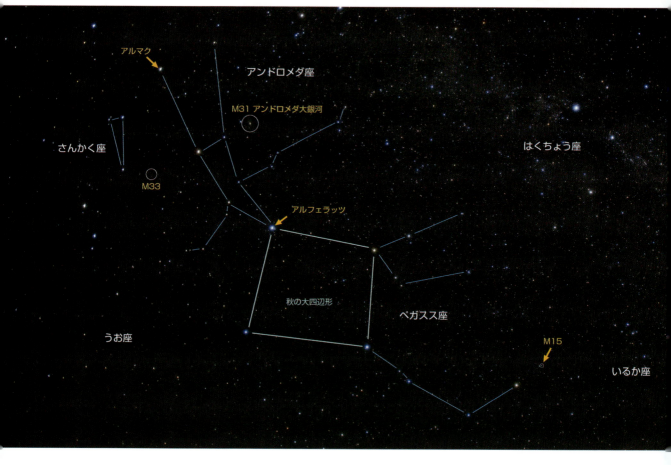

　秋の宵、東の空高く、4個の星が形作る大きな四辺形が目につきます。このあたりがペガスス座です。この四辺形は「ペガススの大四辺形」または「秋の大四辺形」と呼ばれています。巨大な大四辺形の中には、星がほとんど無いため、とても目立ちます。

　このペガススの大四辺形の北東の星から始まり、アルファベットのAの文字に星が連なっているところがアンドロメダ座です。ペガスス座とアンドロメダ座をつなぐと、北斗七星より一回りも二回りも大きなひしゃくの形になります。アンドロメダ座は、11月中旬の宵の時間帯に、ほぼ頭の真上に輝いて見えます。

秋の星座

双眼鏡・望遠鏡を向けてみよう

このあたりは散光星雲や散開星団がほとんど見られませんが、その代わり、2つの明るい銀河を見ることができます。最も有名なものがアンドロメダ座に見られるM31という番号の付いた「アンドロメダ大銀河」です。肉眼で見ることができる最も遠い天体で、私達から250万光年も離れています。古くから存在が知られていた天体で、すでに10世紀のアラビアの本にはこの銀河のことが書かれています。

すぐ隣のさんかく座にも眼のよい人なら肉眼でも見ることができる銀河、M33があります。

一方、全天で7番目の大きさを誇るペガスス座には、鼻先に輝く球状星団M15があります。

M31 アンドロメダ大銀河

アンドロメダ座に見られる銀河で、肉眼でも、ぼんやり輝く楕円形の形がわかります。双眼鏡で見ればその形がはっきりわかります。口径15cm程度の望遠鏡で低倍率で見ると、銀河を横切る2本の暗いすじ模様が見えるでしょう。

M33

さんかく座とアンドロメダ座の中間に見える銀河です。条件がよければ肉眼でも存在がわかるといわれます。双眼鏡を使えば丸い光の雲に見えます。口径20cm程度の望遠鏡を使うと、渦巻きの様子がかすかにわかります。

M15

ペガスス座の球状星団で、7×50の双眼鏡で小さな丸い光の雲に見えますが、なれないと恒星と区別がつきにくいかもしれません。口径15cmくらいの望遠鏡なら光の雲の周辺部にいくつもの星が重なって見えてきます。

アルマク

アンドロメダ座の二重星で、口径6cm程度の望遠鏡で楽しめます。はくちょう座のアルビレオと同じく明るいオレンジ色の星と青い星が並んでいますが、より接近していて、2つの星の光度差も大きく、いっそう美しく感じられます。

アンドロメダ座の物語

心優しい絶世の美女

　アンドロメダ姫はエチオピアの王女です。アンドロメダはエチオピアの国が怪物の化けくじらに襲われている（P64で紹介）ことに深く心を痛めていました。そして、その原因が母の言葉にあり、エチオピアを守るには自分が化けくじらの生けにえになる以外に方法が無いことを知ると、自ら進んで生けにえになることを選びました。

　海岸の岩に鎖でつながれた王女に化けくじらが襲いかかってきます。その時、空から突然若者が舞い降り、怪物の前に立ちはだかりました。魔女メデューサを退治して故郷へ戻る途中のペルセウスです（P68で紹介）。ペルセウスは化けくじらと戦い、これを退治して、王女とエチオピアの国を救いました。

　アンドロメダとペルセウスはその後結婚することになりましたが、結婚式の当日、アンドロメダと婚約していた叔父のピーネウスが乱入してきました。絶世の美女といわれる王女と結婚し、エチオピア王となりたかったピーネウスは大勢の仲間を引き連れてペルセウスを殺しにきたのです。しかし、ペルセウスが魔女メデューサの首を掲げると、彼らは魔女の呪いですべて石になってしまいました。

　無事結婚式を終えた2人は、ペルセウスの母が待つセリボス島へ向かいました。島の王との結婚を拒む母は神殿に閉じ込められており、王宮では王と王の仲間が宴会の真っ最中でした。ペルセウスはその真ん中で、これがあなたの望んだメデューサの首です、と叫んで高々と首を差し出しました。思わずそれを見た王の一派はことごとく石になってしまいました。

　母を救い出したペルセウスとアンドロメダはエチオピアに戻り、立派に国を治めたといいます。

ボーデの星図に描かれた　アンドロメダ座とペルセウス座

秋の星座

ペガスス座の物語
ベレロフォンのキマイラ退治

　コリントスの王子ベレロフォンは、ある時、誤って弟を殺してしまい、国から追放されてしまいました。そして親切なティリュンスの国王のもとで暮らし始めますが、王妃を怒らせたことから、遠国ルキアへ手紙を届ける役目を与えられてしまいます。しかも、その手紙には、この手紙を持参した者を殺してくれ、と書かれていたのです。

　手紙を受け取ったルキア王は、ベレロフォンにキマイラ退治を頼むことにしました。キマイラは、頭がライオン、胴体は山羊、しっぽが蛇という怪物で、ルキアの国を荒らして困っていました。ベレロフォンが怪物に殺されればティリュンス王の頼みを叶えることができます。もしベレロフォンがキマイラ退治に成功すれば、ルキアの国が救われると考えたのでした。

　王の頼みを断り切れず引き受けてしまったベレロフォンを知恵の女神アテナが助けてくれました。空飛ぶ天馬ペガススを貸してくれたのです。ペガススに乗ったベレロフォンは、口から火を噴いて襲いかかってくるキマイラに矢を打ち込み、とうとうキマイラを退治することができました。

　しかしその後、ベレロフォンはしだいに威張って人を見下すようになり、ペガススに乗って神々の国へ行こうとしました。怒った神々の王ゼウスはアブを放ってペガススを刺させました。痛みに荒れ狂ったペガススはベレロフォンを地上へ振り落とし、ベレロフォンは死んでしまいました。ペガススは天にぶつかって星座になったのだそうです。

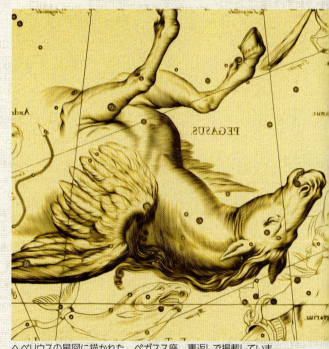

ヘベリウスの星図に描かれたペガスス座。裏返しで掲載しています（理由はP13に解説）。

北の空高く輝く
ケフェウス座・カシオペヤ座

夏の天の川と冬の天の川の中間、ちょうど天の川が一番淡いあたりにケフェウス座とカシオペヤ座があります。

北の空高く、天の川の中で星がW字形に並んだカシオペヤ座はとても目立ちます。天の北極に近く、ほぼ1年中見ることができますが、11月中旬の夜9時頃に最も北の空高く昇り、一番見やすくなります。カシオペヤ座は、Wの形とよくいわれますが、この頃には逆さまでMの形に見えます。

カシオペヤ座と北極星の間にケフェウス座があります。5つの星が細長い五角形の形に並び、「とんがり屋根の家」のように見えます。10月上旬の夜9時頃、最も北の空高く昇ります。

秋 の 星 座

双眼鏡・望遠鏡を向けてみよう

カシオペヤ座は星座全体が秋の天の川の中に浸っていて、双眼鏡を向けるとたくさんの星がきらめき、とても美しく見えます。ここは散開星団の宝庫です。小さく星が集まった散開星団がたくさんちらばっていて、双眼鏡や小口径望遠鏡があれば十分に楽しむことができます。

ケフェウス座はその一部が天の川の中にありますが、カシオペヤ座のような華やかさはありません。しかし、「ガーネットスター」の名前で知られる星は必見です。望遠鏡を向けるととても赤い色で輝いています。

ガーネットスター

ケフェウス座の星です。望遠鏡を通して見ると、真紅の色をした星で、宝石のガーネットのような色をしています。4等星ですから双眼鏡などを使わなくても見えますが、望遠鏡を使うとよりいっそう、色がはっきりわかります。

カシオペヤ座ι星

カシオペヤ座の三重星です。口径6cmくらいの望遠鏡で見ると、明るい星のそばに暗い星が輝いているのがわかります。口径10cmくらいの望遠鏡を使うと、明るい方の星のそばに、さらに小さな星がくっついているのがわかります。

M52

カシオペヤ座にある小さな散開星団です。7×50程度の双眼鏡では巨大な丸い光の雲にいくつかの星が重なって見え、口径10cmくらいの望遠鏡ならいくつもの星が集まっているのがわかります。120個ほどの星の集まりです。

ケフェウス座・カシオペヤ座の物語

エチオピアの王と王妃

　昔、エチオピアの国にケフェウスという王がいました。王妃はカシオペヤといい、2人の間にはアンドロメダ王女がいました。アンドロメダはとても美しく、カシオペヤは、それがとても自慢でした。毎日、侍女や友人たちを相手に娘の自慢話に花を咲かせていました。

　ある日、いつものように娘の自慢話をしていたカシオペヤは、自分の娘は海のニンフより美しい、と口を滑らせてしまったのです。

　ニンフは神々の王ゼウスやほかの神々にくらべると大きな力は無く、位は低いものの、それでも神の仲間です。それが、人間より劣っていると言われたのですから、ニンフが怒るのも当然です。海の神ポセイドンの妃も海のニンフの1人でした。妃はすぐに夫のポセイドンのところへ行き、私たちを見下した人間をこらしめてください、と涙ながらに訴えました。愛する妃が人間以下だと言われたのではポセイドンも黙ってはいられません。早速、化けくじらティアマトにエチオピアの人々を襲わせました。

　ケフェウス王はなぜこんな災いが起こるのか訳がわからず、神にお伺いを立てました。

バリットの星図に描かれた
カシオペヤ座とケフェウス座

秋の星座

化けくじらと戦うペルセウス。ピエロ・デ・コジモ画

ヘベリウスの星図に描かれたカシオペヤ座。裏返しで掲載しています（理由はP13に解説）。

　すると、カシオペヤ王妃の言葉に海の神が怒っており、神の怒りを静めたければ、王女を化けくじらの生けにえにささげるようにと告げられたのです。あまりのことに驚き、悲しみ、悩む王に、王女は自ら生けにえになると申し出ました。そして、アンドロメダ王女は、海岸の岩に鎖でつながれました。

　やがて、海があわ立ち、化けくじらが姿を現しました。その体は小さな島ほどの大きさがあり、2本の前足には鋭く長い爪が生え、その口は大きく裂けていました。怪物は王女めがけてまっすぐに突き進んできます。海岸から様子を見守っていたすべての人々が目をおおった瞬間です。怪物の前に1人の若者が立ちはだかりました。

　若者の名はペルセウスといい、神々の王ゼウスとアルゴスの王女ダナエの息子でした。ペルセウスは魔女メデューサを退治した帰りに、鎖につながれた王女を発見し、助けに現れたのでした。天馬ペガススに乗り、化けくじらの攻撃をかわしては、剣で化けくじらに切りつけました。ペルセウスが持つのはアテナ女神の剣です。これには、さすがの化けくじらもかないません。弱ってきたところで、ペルセウスは、すかさず、魔女メデューサの首をつきつけました。メデューサの顔は、見た者すべてを石に変えてしまう魔力を持っています。化けくじらティアマトも石に変わると、海の底深く沈んでしまいました。

　ペルセウスの父であるゼウスの説得で、ポセイドンは怒りを収めてくれました。その後ペルセウスはアンドロメダ姫と結婚し、エチオピアの王となりました。2人は立派にエチオピアの国を治め、末永く幸福に暮らしたと伝えられています。

　その後、ケフェウス、カシオペヤ、ペルセウス、アンドロメダは星座になりました。そして、化けくじらも星座となり、くじら座になったのだそうです。

明るい星々が連なった　　　　3つの星が目印の
ペルセウス座・おひつじ座

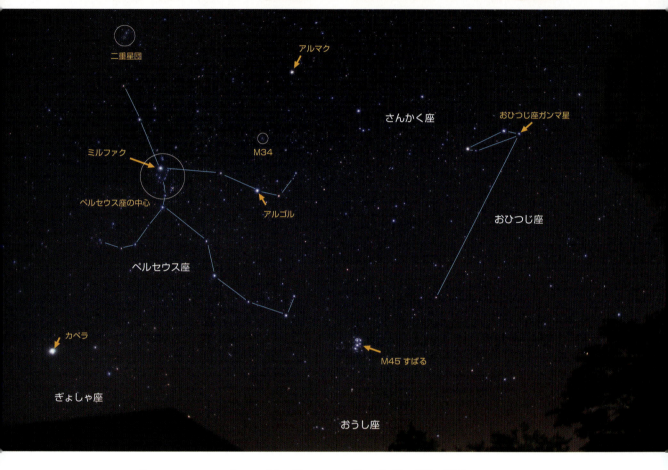

　ペルセウス座はカシオペヤ座から続く秋の天の川の中にあり、「人」という文字の形に星が並んでいるのが目印です。わかりにくいときは、ペガスス座とアンドロメダ座の形作る巨大なひしゃくから探してみましょう。ひしゃくの柄を、1.5倍先へのばしてやると、ペルセウス座に行き当たります。アンドロメダ座の足下に輝く星座です。

　アンドロメダ座の南、3個の星が「へ」の字を裏返したような形に連なっているのがおひつじ座の目印です。周りに明るい星が少ないので目立ちます。ただ、星の結びからはとても羊の姿を想像できず、星空で最もその姿がイメージしづらい星座の1つといえるでしょう。

秋 の 星 座

双眼鏡・望遠鏡を向けてみよう

ペルセウス座の中心付近は、たくさんの星が輝き、双眼鏡での眺めは格別です。ミルファクを中心に約80個の星々が集まっていて、これは散開星団より星がまばらに集まった「アソシエーション」という種類の天体です。ほかにも美しい散開星団がいくつも見られます。また、アルゴル（「悪魔の星」の意味）は、明るさが変わる「変光星」です。変光星の中では最もよく知られており、最も昔から明るさが変わることも知られていました

一方、おひつじ座はペルセウス座と違ってあまり目立つ天体はありませんが、γ星は望遠鏡が発明されて初めて発見された二重星の1つです。

ペルセウス座の中心

双眼鏡を向けると、たくさんの大粒の星が視野いっぱいに広がってとても美しい眺めです。これはメロッテ20と呼ばれる星々の群で、望遠鏡では倍率が高すぎて一部しか見えません。双眼鏡で見たとき、一番美しく見えます。

アルゴル

ペルセウス座にあり、2.9日の周期で明るさを変える変光星です。周りにある明るさのわかっている星と見くらべながら明るさを測ると、2.1等星から3.4等星まで、規則的に明るさを変えているのがわかります。

二重星団

肉眼でも淡い光のシミが2つ並んでいるのがわかります。双眼鏡を向けると、同じくらいの大きさの星団が2つ並んで輝きを競い合っており、口径8cm以上の望遠鏡を使って低倍率で見たときの様子は感動的です。

おひつじ座γ星

口径5cmくらいの望遠鏡を使って見ると、同じくらいの明るさの青白い色の星が2つ並んで輝いています。アンドロメダ座のアルマクのような色の違いはありませんが、2つの星が接近した様子はなかなか美しい眺めです。

ペルセウス座の物語
魔女メデューサ退治

　アルゴスの王アクリシオスは、将来、孫に殺される、という神のお告げを受けました。おびえた王は誰も近づけないように金属の部屋を作り、そこに1人娘のダナエを閉じ込めてしまいました。しかし、そのダナエに恋した神々の王ゼウスは黄金の雨となって部屋のすきまを通り抜け、ダナエは息子ペルセウスを生みました。驚いた王は母子を木の箱に閉じ込めると海に流したのです。箱はセリボス島へ流れ着き、2人は漁師に助けられました。

　やがてペルセウスが成人する頃、島の王はダナエを妃にしたいと思うようになり、じゃまなペルセウスを追い払うために、魔女メデューサの首を取って来るよう命じました。

　メデューサは絶海の孤島に住み、その髪の毛の1本1本は蛇で、顔は見たこともないほど恐ろしく、見ると魔力によって石になってしまうという怪物です。困っていると、ゼウスの命令を受けた知恵の女神アテナと伝令神ヘルメスが現れました。そして、メデューサの姿を映すために鏡のように磨き上げられた楯、一本の剣、一歩で何kmも空を駆けることのできるサンダル、メデューサの首を入れる袋、かぶると姿が見えなくなる帽子を貸してくれました。2人の神々に付き添われ、ペルセウスはメデューサの住む島へと向かいました。

　島ではメデューサと2人の姉が昼寝の真っ最中でした。あちらこちらに石になった鳥や動物、戦士達が転がっていました。勇気を振り絞り、楯にメデューサの姿を映しながら、用心深く進みます。異変に気づいたメデューサの髪の蛇がシュウシュウと音を立てた瞬間、ペルセウスはメデューサの首を切り落としました。2人の姉たちは目を覚ましましたが、帽子の力でペルセウスの姿は見えません。ペルセウスは急いでメデューサの首を袋に入れると、メデューサの血から生まれた天馬ペガススに乗り、セリボス島へと戻ってゆきました。

イグナス・ガストン・パルディの星図に描かれた　ペルセウス座

おひつじ座の物語
兄妹を救った黄金の毛を持つ羊

テッサリアの国王アタマースは妃ネフェレーと2人の子供に囲まれ、幸福に暮らしていました。ところが、テーベの国からやってきた王女イーノーに一目で恋をし、ネフェレーを追い出して、イーノーを妃に迎えたのです。しばらくするとイーノーはネフェレーの子供たちがじゃまになり、殺そうと計画を立てました。

麦畑に種を蒔く前夜、イーノーは、すべての種を火であぶってしまったのです。当然麦は1つも芽を出しませんでした。何も知らない国王は、もしかしたら神の怒りに触れたのではないかと考え、占い師に占わせました。イーノーに買収された占い師は、神々の怒りを鎮めるために前の妃の子供たちを生けにえとして殺せ、と王に命じたのです。驚いた国王は迷いましたが、それを見たイーノーはお告げの内容を国民に広めていました。国民につめよられ、とうとう王は、2人の子供たちを生けにえに捧げなくてはならなくなってしまいました。

それを知ったネフェレーは、神々の王ゼウスに子供たちをお救いください、と一心に祈りました。かわいそうに思ったゼウスは、子供たちを救うため空飛ぶ羊をつかわしました。2人が殺されそうになったとき、黄金に輝く羊が現れ、2人を背に乗せると、空の彼方へ飛んで行ったのです。妹のヘレは、途中で目がくらんで海に落ちて死んでしまいましたが、兄のプリクソスは無事にコルキスの国にたどり着いて、国王の娘と結婚して幸せな一生をおくりました。羊は、この手柄で、星座に加えられ、おひつじ座になったといわれます。

ボーデの星図に描かれた おひつじ座

動く星空

太陽は、朝、東の地平線から昇り、お昼には南の空高いところを通って、夕方、西の地平線へ沈んでいきます。夜空に輝く星々も同じく、時間とともに東から西へと動いていきます。これは、私たちの住む地球が1日1回自転（正確には23時間56分で1回転）しているからです。回転する地球の上に住んでいる私たちから見ると、太陽や星々の方が私たちの周りを回っているように見えます。これを「日周運動」といいます。

地球の自転の軸の先に北極星があるため、星は、日周運動によって、北極星を中心に回転しているように見えます。北の空の星々を見ると、北極星の周りを時計の針と反対回りに、1日で1回、回転しているように見えます。

また、地球が太陽の周りを1年かかって1回転しているため、同じ宵の頃でも、季節によって違う星座が見られ、1年たつと再び同じ星座が空の同じ方向に輝いて見えます。私たちが「春の星座」と呼ぶ時は、「春の宵の頃、東の空高く輝く星座」をいっています。

一晩中星を見ていると、日周運動により、様々な季節の星座を見ることができます。たとえば、春の宵の空には春の星座が輝きますが、真夜中ともなると、春の星座たちは西へ移動し、東の地平線からは夏の星座が昇ってきます。そして、明け方には秋の星座が地平線上に昇ってくるのを見ることができます。

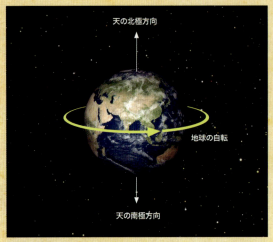

地球の自転
地球は北極と南極を結んだ線を中心軸として1日に1回、回っています。そのため、地球上にいる私たちは、星が、天の北極（自転軸を北の空にずっとのばしたところ）の周りを1日で1回、回っているように見えます。南半球では、天の南極を中心に星が回って見えます。

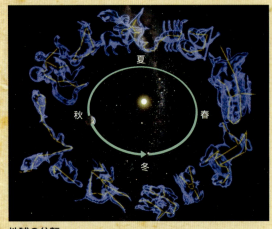

地球の公転
地球は自転しているだけでなく、1年かかって太陽の周りを回っています。そのため、同じ時間でも見える星座が季節とともに変わります。

冬の星座

冬の星座

★ぎょしゃ(御者)
★きりん
★おうし(牡牛)
★ふたご(双子)
★オリオン
★エリダヌス
★うさぎ(兎)
★はと(鳩)
★おおいぬ(大犬)
★こいぬ(小犬)
★いっかくじゅう(一角獣)
★とも(艫)
★ちょうこくぐ(彫刻具)
★とけい(時計)

　木枯らしが吹き荒れ、星の光も凍りつくような冬の寒さにふるえながら見上げる空は、一年中で一番明るく美しく見えます。その理由の1つは、冬の星座には四季の星座の中で一番数多くの1等星が輝いているからです。ほとんどの星座に1等星があるので、それが探す時の目印になります。また、冬の星座にはわかりやすい形の星座が多く、親しみやすいのも特徴です。

　オリオン座は星座の中で一番美しい形を持つといわれています。2つの1等星と2つの2等星が長方形を形作り、その真ん中付近に3つの2等星がほぼ同じ間隔で一列に並ぶ(「オリオン座の三ツ星」)オリオン座はとても目立ち、誰にでもかんたんに探すことができます。

　そして、冬の星座は天の川に沿って輝いているので、たくさんの散光星雲や散開星団が見えています。特におうし座のヒヤデス星団、プレヤデス星団(すばる)、オリオン座のオリオン大星雲は双眼鏡でも美しい姿を十分に楽しむことができます。

冬のダイヤモンド(冬の大六角形)
冬の夜空に輝く明るい1等星を結んでゆくと大きな六角形になります。これは「冬の六角形」または「冬のダイヤモンド」と呼ばれています(ふたご座の2等星カストルは隣の1等星ポルックスと見た目の明るさがあまり変わらないため、カストルを含めることもあります)。

冬の星座の探し方

　冬の星座の案内人は「オリオン座」です。
　オリオン座の1等星リゲルのすぐ右から西へ向かって星が続いているのが「エリダヌス座」です。
　オリオンの足元には、「うさぎ座」があります。小さいながら、とてもわかりやすい形をしています。
　オリオンの三ツ星を結んで右上にのばすと「おうし座」の1等星アルデバランにぶつかります。反対に、左下方向へのばすと「おおいぬ座」のシリウスにぶつかります。
　シリウスとオリオン座のベテルギウスを結び、左の方へ正三角形を描くと、「こいぬ座」のプロキオンが見つかります。3つの星が作る巨大な三角形を「冬の大三角」と呼んでいます。
　冬の大三角の上には「ふたご座」があり、大三角の中には、「いっかくじゅう座」があります。
　そして、天高く輝く五角形が「ぎょしゃ座」です。

すばるが輝く　五角形が目印
おうし座・ぎょしゃ座

おうし座の目印は、オレンジ色の1等星アルデバランから始まり、星が小さなVの字形に並んだ「ヒヤデス星団」です。ここは牡牛の顔にあたります。また、ここから少し離れたところで、星が小さくごちゃごちゃと集まっているのが目につきます。これは、プレヤデス星団で、日本では古くから「すばる」と呼ばれています。

おうし座の角の先にゆがんだ五角形の形に星が並んでいるのが、ぎょしゃ座です。北から南へ向かって流れる淡い冬の天の川がちょうど頭上にさしかかる付近にあります。

冬 の 星 座

双眼鏡・望遠鏡を向けてみよう

ぎょしゃ座は冬の天の川の中にあり、散開星団がいくつも輝きます。特に、星座を横切って1列に並ぶ3つの散開星団M37、M36、M38は双眼鏡なら3つ同時に小さな光の雲として見ることができます。望遠鏡を向ければ1つ1つ違った姿を楽しめます。しかし、一番注目したいのは、おうし座のプレヤデス星団とヒヤデス星団です。双眼鏡で見た姿はとてもすばらしい眺めです。

また、おうし座には超新星残がいの「M1カニ星雲」があります。星が一生の終わりに大爆発して砕け散った残がいです。おうし座の角の先に輝くζ星に双眼鏡を向けると、すぐ近くにかすかに見えます。

M45 プレヤデス星団（すばる）

おうし座の散開星団です。双眼鏡無しで6個くらいの星が小さく集まって見えます。7×50程度の双眼鏡を通して見ると、大粒の星と細かい星が集まって美しい眺めです。望遠鏡を使うと拡大されすぎて一部分しか見られません。

M36

ぎょしゃ座の散開星団です。7×50程度の双眼鏡なら淡い小さな光の雲として見ることができます。口径10cmくらいの望遠鏡を向けると、星の数は多くありませんが大粒の星が小さく集まっているのがわかります。

M37

3つ並んだぎょしゃ座の散開星団M36、M38、M37の中では一番星の数が多い星団です。7×50程度の双眼鏡なら淡い小さな光の雲として見え、口径10cmくらいの望遠鏡を向けると、小さい星がたくさん集まっていてきれいです。

M1 カニ星雲

おうし座の超新星残がいです。空が暗ければ、7×50程度の双眼鏡で淡い小さな光の雲として存在がわかります。口径10cmくらいの望遠鏡を通して見ると、佐渡ヶ島に似た形をしているのがわかるでしょう。

おうし座の物語
エウロパに恋した神々の王ゼウス

春のある日、フェニキアの王女エウロパは友人たちといっしょに野原に花を摘みに出かけました。その姿を一目見た神々の王ゼウスは、彼女に恋をし、1頭の真っ白な牡牛に姿を変えると野原に姿を現しました。いつの間にか牛が近くにいることに気づいたエウロパたちは驚きましたが、牛はとてもおとなしく、すっかり安心した乙女たちは、牛に花の首飾りをつけたり、頭に花冠を乗せたりして遊び始めました。そのうち、エウロパは美しく飾られた牛に乗ってみたくなりました。エウロパを背に乗せると牡牛は立ち上がり、野原の中をゆっくりと歩き出しました。牛に乗っていると遠くまでよく見えてすばらしい眺めでしたから、エウロパは大喜びでした。ところが、海が見えるところまで来ると、牛は海に向かって走り出し、ザブザブ海の中へ入ると沖に向かって泳ぎ始めました。

エウロパは泣きながら牛にしっかりつかまっているしかありませんでした。故郷の海岸がみるみる遠くなっていきました。ふと気がつくと、周りには海のニンフたちが集まり舞いながらついてきます。イルカや魚たちも集まってきました。エウロパは、牛が神様の変身した姿だと気づきました。牛は自分が神々の王ゼウスだと名乗り、結婚してほしい、とエウロパにプロポーズしたのです。その後、2人はクレタ島に渡って結婚しました。

ゼウスはその記念に自分が変身した牡牛の姿を星座にし、おうし座が誕生したといわれます。

ボーデの星図に描かれた　おうし座

冬の星座

ぎょしゃ座の物語
戦車を発明した知恵者のエリクトニウス王

エリクトニウスは鍛冶の神ヘーパイストスと大地の女神ガイアの子供でした。知恵の女神アテナが育てることになり、アテナは赤ん坊を籠の中に隠して魔法をかけ、アテネの国の王女アグラウロスに預けました。アテナは決して籠の中を見てはいけないと王女に言いましたが、好奇心に駆られた王女は、ある時、そっと籠の中を見てしまいました。そこには蛇の尾を持った赤ん坊が入っていました。驚いた王女はその籠を地面に落とすと、丘から飛び降りて死んでしまいました。この時、籠と一緒に落ちたエリクトニウスは、足が不自由になったといいます。知らせを聞いたアテナはエリクトニウスを手元に置いて育てることにしました。

アテナはエリクトニウスをたいへんかわいがり、足の不自由さを補ってあまりあるほどの知恵を授けました。やがて、エリクトニウスはアテネの王となりました。彼は、女神アテナを敬うように人々に教え、授かった知恵を使ってアテネの国民すべてが幸せになるよう力を注ぎました。また、不自由な足を補うために戦車を発明して、それに乗って移動しました。ひとたび戦争となれば、戦車を操って、真っ先に敵陣に飛び込んでいったので、人々はエリクトニウスを讃え、彼の名は、ギリシャ中に響きわたりました。

神々の王ゼウスは、戦車を発明した功績により、彼の姿を星座にあげたといいます。それが、ぎょしゃ座です。

ボーデの星図に描かれた　ぎょしゃ座

古代ギリシャ時代に描かれた戦車に乗る人の姿。

オリオン座・うさぎ座

冬の王者　足下に輝く

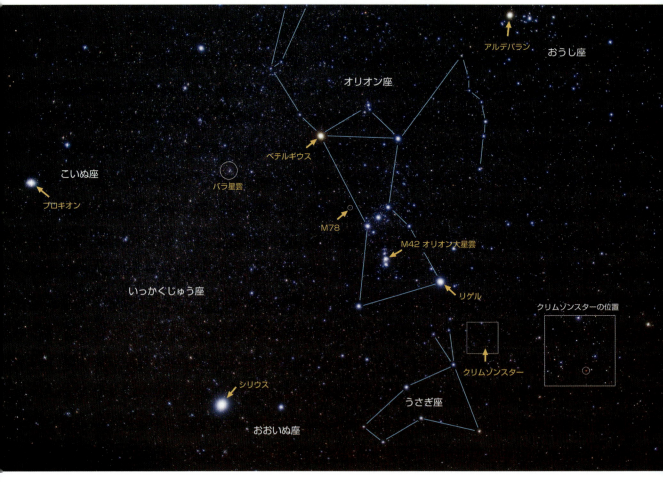

　冬の星座は、四季を通じて最も華やかといわれますが、中でも、ひときわ目立つのが「オリオン座」でしょう。「冬の星座の王者」とも呼ばれています。姿形が美しいだけでなく、オリオン大星雲をはじめ様々な話題の天体を持っています。また、全天に星座は88ありますが、1等星の数は21しかありません。1等星を1つも持たない星座が多い中、オリオン座は2個の1等星を持っています。

　オリオン座の足下にある小さな星座が「うさぎ座」です。

冬の星座

双眼鏡・望遠鏡を向けてみよう

オリオン座付近は興味深い天体がたくさんあります。オレンジ色の1等星ベテルギウスと青白い色のリゲルの色の違いは望遠鏡で見ると、とてもはっきりわかります。実は、ベテルギウスは年老いた星でもうすぐ大爆発して死をむかえるといわれています。反対に、リゲルはとても若い星です。

このリゲルやオリオン座を作る星の多くを生み出したのが「M42オリオン大星雲」です。ここでは今も星が生まれています。空が暗ければ双眼鏡が無くてもぼんやり輝いて見えますし、望遠鏡で見るととても美しい星雲です。M78やいっかくじゅう座のバラ星雲も、内部で星が作られている星雲です。

M42 オリオン大星雲

肉眼ではにじんだ星のように見えます。7×50程度の双眼鏡では星の周りの星雲がよくわかり、口径8cm程度の望遠鏡では、4個の星を囲んで羽を広げた鳥のような形に見えます。本当に美しい星雲です。

リゲル

オリオン座の足のところに輝く1等星で、恒星の中では7番目に明るく見える星です。二重星で、口径10cmくらいの望遠鏡で見ると、明るい星のすぐそばに小さな星が並んで輝いているのがわかります。

M78

オリオン座の散光星雲です。空が暗ければ、7×50程度の双眼鏡でかすかに存在がわかります。口径10cmくらいの望遠鏡で見ると、2つの小さな星の周りに淡い光が広がっている様子がわかります。

うさぎ座 R星

クリムゾンスター（真紅の星）と呼ばれ、名前の通り美しい赤い星です。約427日で、5.5等星から11.7等星まで明るさが変わり、明るい時は双眼鏡無しで見えますが、暗い時は望遠鏡が無いと見えません。

オリオン座の物語
狩の名人オリオンの波乱の人生

　オリオンは、海の神ポセイドンの息子です。背が高く美男子で、とても腕のよい狩人でした。

　このオリオンが、キオス島の王女メローペに恋をし、結婚を申し込みました。そして、毎日毎日、狩で捕まえたうさぎや鹿などをたくさん王女のもとへ届けました。でも、王女も国王も乱暴なところがあるオリオンがあまり好きになれませんでした。そこで、王は、島を荒らしている野獣を退治してくれたら、王女との結婚を許そう、とオリオンに約束しました。もちろん、そんなことはできないと思ったからです。しかし、オリオンは見事にそれをやり遂げてしまいました。

　そこで、王は、何かと理由をつけては結婚を延ばし続けました。オリオンは不満でしたが、それでも王の許しを待っていました。しかし、ある晩、お酒を飲んだ勢いで、王女に乱暴をはたらいてしまったのです。

　王は怒り、酒の神ディオニュッソスの助けを借りてオリオンを酔わせると、眠っている間に目をえぐりとり、オリオンを浜辺に放り出してしまいました。

　盲目になったオリオンは諸国をさまよい、レムノス島で、鍛冶の神ヘーパイストスに出会いました。ヘーパイストスは足が不自由で

ヘベリウスの星図に描かれた　オリオン座
裏返しで掲載しています
（理由はP13に解説）。

冬 の 星 座

したから、目が不自由なオリオンを気の毒に思い、太陽の神ヘリオスの館へ行き、ヘリオスの輝きを受ければ、再び目が見えるようになる、と教えてくれました。そして、道案内の若者までつけてくれたのです。ヘリオスの力で、オリオンは再び視力を取り戻すことができました。

その後、オリオンはクレタ島に行き、そこで、狩と月の女神アルテミスに出会いました。女神に狩の腕前を気に入られたオリオンは、しばしば女神のお供をして狩に行くようになりました。そして、いつしか、恋人同士のように、いつもいっしょに狩をする姿が見られるようになったのです。

女神の兄である太陽と音楽の神アポロンは乱暴なところがあるオリオンが嫌いでした。ある日、アポロンは、はるか沖合いの海の上を歩いているオリオンを見つけました。オリオンは、父である海の神ポセイドンから、その力を授かっていたのです。アポロンは、オリオンに気づかれないように、オリオンの頭を光輝くようにしました。そして、アルテミスのところへ行くと、女神をオリオンの頭が見える海岸へ連れ出しました。そして、女神に向かって、いくら狩の女神でも、遠くの海上に見えるあの小さな光を射貫くことはできないだろう、とわざと怒らせるようなことを言いました。ムッとした女神は、それがアポロンの計略とも知らず、弓を引き絞ると、見事にその光を射抜いてしまいました。

バリットの星図に描かれた　オリオン座

狩と月の女神アルテミス。フォンテーヌブロー派画

やがて、女神は自分の矢で頭を射抜かれたオリオンの遺体が浜に打ち上げられたことを知りました。女神は、父ゼウスに頼んでオリオンを星座にしてもらい、いつでも姿を見られるようにしてもらったのだそうです。

全天一明るいシリウス　　天の川が美しい
おおいぬ座・とも座

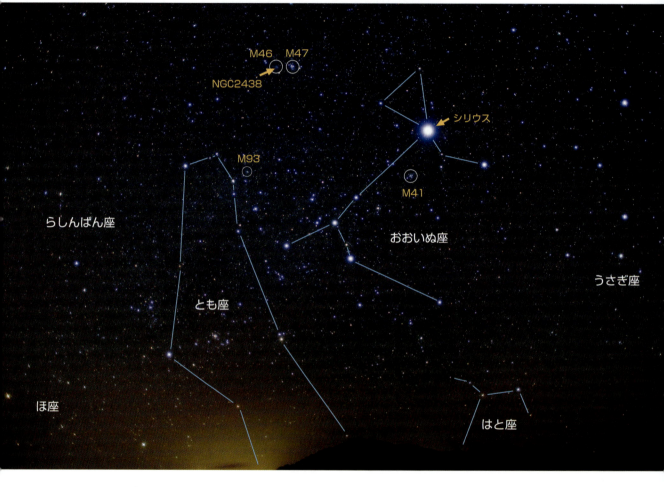

　「おおいぬ座」には夜空で一番明るく輝く星シリウスがあります。シリウスを真ん中に3つの星が描く少し細長い二等辺三角形が大犬の顔で、シリウスは犬の鼻先に位置します。2月中旬の夜9時頃真南の空に輝いて見えます。

　おおいぬ座の東側と南に広がる、とも座はもともとアルゴ船座の一部でしたが、18世紀にフランスの天文学者ラカイユが4つに分割してしまい、船の後ろの部分がとも座になりました。冬の天の川が南の地平線へ注ぎ込むあたりにあります。

冬 の 星座

双眼鏡・望遠鏡を向けてみよう

冬の天の川は夏の天の川ほど明るくありませんが、寒さのせいかとても透明感があります。双眼鏡を向けてみると、細かい星々の中に大粒の星がいくつもちりばめられていてとても美しく、見応えがあります。

この冬の天の川付近にある「おおいぬ座」と「とも座」には、たくさんの散開星団が輝いています。天の川に沿って双眼鏡で見ていくと、次々に小さな光の雲として見つけることができます。

特に、おおいぬ座のM41、とも座のM46、M47が印象的です。とも座のM46、M47は双眼鏡ならいっしょに見ることができます。

シリウス

夜空に輝く星々の中で一番明るく輝いて見える恒星です。白い色の星ですが、地平線近くに見えるときは空気のゆらぎで星の色が七色に変わり、ぎらぎらと燃えるように見えます。特に澄み切った空の下で見るとまぶしいほどです。

M41

おおいぬ座の散開星団です。空が暗ければ、双眼鏡が無くても淡く小さな光の雲に見えます。7×50の双眼鏡ならいくつかの星が集まっているのがわかり、口径10cmくらいの望遠鏡なら大粒の星々が輝き美しいでしょう。

M46・M47

とも座の散開星団で、双眼鏡が無くてもM47はぼんやりした小さな光の雲に見えます。双眼鏡ならM46・M47をいっしょに見ることができ、M46はざらざらした丸い光の雲に、M47は大粒の星が集まって見えます。

M93

とも座の散開星団です。7×50程度の双眼鏡でこのあたりを眺めていると、小さな星のかたまりが注意をひきます。天の川の中にあり、周りには細かな星がびっしり取り巻いているように見え、美しい眺めです。

おおいぬ座の物語
狙った獲物は一度も逃がしたことが無い

猟犬レラプスは神々の王ゼウスが妻エウロパに贈った犬で、狙った獲物は一度も逃がしたことがありませんでした。レプラスはエウロパの死後、息子のクレタ王ミノスのものとなり、その後、アテネの王女プロクリスに譲られました。

ちょうどその頃、テーベの国では牧場や畑を荒し回る一匹の悪賢い狐に困り果てていました。どんな罠を仕掛けても、狐は罠にかかりません。また、とてもすばしっこく、どんな犬でもその狐を捕まえることができませんでした。相談を受けたアテネの王は、レラプスをテーベに貸してやることにしました。

テーベに連れてこられたレラプスは早速狐を発見し、2匹の競争が始まりました。獲物を逃がしたことのない犬と、絶対に捕まらない狐は野を越え丘を越え、風のように走ってゆきます。その姿はとても美しく、空から見ていた神々の王ゼウスも見とれてしまいました。しかし、このままではどちらかが傷つくに違いないと思ったゼウスは、2匹の姿を永久に残しておきたいと考え、石に変えてしまいました。

その後、レラプスの姿はゼウスによって星座に加えられ、おおいぬ座になったといわれます。

ボーデの星図に描かれた　おおいぬ座

冬 の 星 座

とも座（アルゴ船座）の物語
イアソンと50人の英雄の冒険

　イオルコスの国の王子イアソンは、叔父のペリアースの命令で、コルキスの国にある黄金の羊の毛皮をもらってくることになりました。コルキスは海の彼方にある国です。イアソンはギリシャ全土から50人の英雄を集め、いっしょにアルゴ船に乗り込み、コルキスに向けて大冒険の旅へと出発しました。

　行く先々の港で食料や水を補給しながら進みましたが、そのたびに攻撃を受けて戦いを繰り広げたり、大歓迎されて目的を忘れそうになったり、怪物と戦ったり、神の怒りを買って船が難破しそうになったりと様々なことがありました。サルミデッソスの島では、怪鳥ハルピュイアから盲目の予言者ピーネウスを助けたりもしました。しかし、最大の難所はシュムプレガデスの岩でした。いつも深い霧に包まれた海峡の入口にあって、船が通過しようとすると両側の岩が閉じて船を砕くという難所です。イアソンたちは予言者ピーネウスに教えられた通り、岩の手前で鳩を飛ばし、鳩を挟もうと岩が閉じ、再び開いた瞬間、全速力で岩の間を通過しました。

　コルキスではイアソンに恋した王女メディアの助けを得て、無事、黄金の羊の毛皮を手に入れ、ギリシャに戻ることができました。イアソンは大航海が成功したお礼に、アルゴ船を海の神ポセイドンに捧げ、ポセイドンがこれを星座にしたといいます。

イタリアのファルネーゼ宮殿のフレスコ画に描かれたアルゴ船座。裏返しで掲載しています（理由はP13に解説）。

アルゴ船。ロレンツォ・コスタ画

2つ並んだ明るい星　小さな星座
ふたご座・こいぬ座

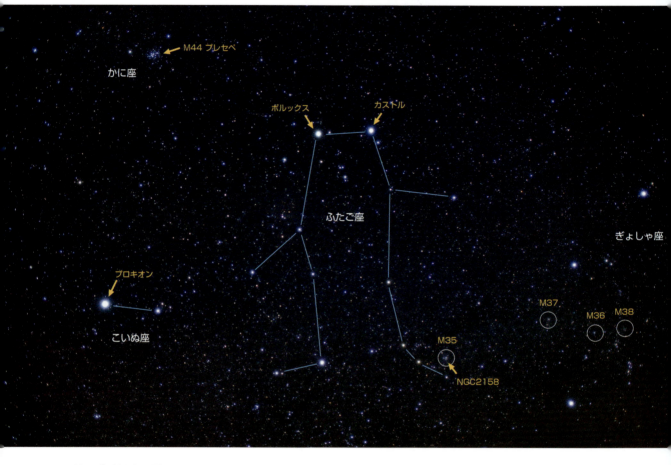

　冬の大三角の上で、ほとんど同じ明るさの明るい星が2つ並んで輝いています。これがカストルとポルックスで、ふたご座の目印です。ほんの少し明るい左の星が1等星ポルックスで、少し暗い右の星がカストルです。この2つの星を先頭に、2列に星が並んでいるのが「ふたご座」です。

　2つ並んだ明るい星はとても目立ちます。そのため、世界中で様々な名前で呼ばれてきました。「兄弟星」「眼鏡星」「金星銀星」「蟹の目」などいくつもの名前が残されています。

　ふたご座の左下に輝く明るい星は1等星プロキオンです。この星と隣の星を結んだところが「こいぬ座」の目印です。

冬 の 星 座

双眼鏡・望遠鏡を向けてみよう

ふたご座のカストルとポルックスは興味深い星です。ポルックスは1等星の中ではただ1つ、この星の周りを回る惑星が発見されています。ただし、その姿は大望遠鏡でさえ見ることができません。一方、カストルは口径10cmくらいの望遠鏡を使うと二重星だということがわかりますが、実は分光器という特殊な装置を使うと6個の星からできていることがわかります。もし私たちの太陽がこんな星だったら空には6個も太陽が輝いて夜が無いかもしれません。

また、カストルの足下には、私たちに比較的近い散開星団M35と、少し遠くにある散開星団NGC2158が重なって見えています。

カストルの想像図

ふたご座の2等星カストルは口径10cmくらいの望遠鏡を通して見ると2つの星が並んで輝いているのがわかりますが、実は、6個の星からなる六重連星です。2つの星が1組になってお互いの周りを回り合っていて、それが3組もあるのだそうです。図は、カストルの架空の惑星から見た空の想像図です。

M35

ふたご座の散開星団で、空が暗ければ双眼鏡が無くても小さな光の雲に見えます。7×50程度の双眼鏡ならたくさんの小さな星が少し細長い形に集まって見え、口径10cmくらいの望遠鏡なら、たくさんの星が集まってにぎやかです。

NGC2158

ふたご座の散開星団で、口径10cmくらいの望遠鏡ではM35のそばに小さな光の雲として見えます。口径20cmくらいの望遠鏡なら細かな星が集まっているのがわかります。M35にくらべて4倍遠方にあるため小さく見えています。

カストル

ふたご座の頭に輝く2等星です。正確には1.58等星なのですが、四捨五入して2等星に分類されています。口径10cmくらいの望遠鏡を通して見ると少し明るさの違う青白い星が2つ並んでいるのがわかります。

ふたご座の物語

いつもいっしょの仲の良い双子の兄弟

　カストルとポルックスは、神々の王ゼウスとスパルタの王妃レダとの間に生まれた双子です。カストルは、荒馬をてなずけるのがとてもうまく、作戦を立てるのが上手でした。一方、ポルックスはボクシングのチャンピオンでした。2人そろって、現代オリンピック競技の元となった古代オリンピア競技に出場しては何度も優勝していました。また、アルゴ船の冒険をはじめ、様々な冒険に参加していて、英雄としてギリシャ中に知れ渡っていました。

　彼らにはイーダスとリュンケウスという双子の従兄弟がいました。ある時、4人は野生の牛を捕まえにいきました。協力してたくさんの牛を捕まえ、その牛を分配をする時のことです。大食いのイーダスが肉の早食い競争をしようと言い出したのです。一番早く食べ終わった者が半分、二番目の者が残りの半分をもらうことにしようじゃないか、と言います。ほかの3人はおもしろがって賛成し、3人がいざ座って食べようとした時、イーダスはすでに自分の分を食べ終わっていました。そして、リュンケウスの分も手伝って食べると、カストルとポルックスが夢中で食べているうちに牛を全部連れて帰ってしまったのです。

　怒ったカストルとポルックスは、従兄弟の家

ボーデの星図に描かれた　ふたご座

冬の星座

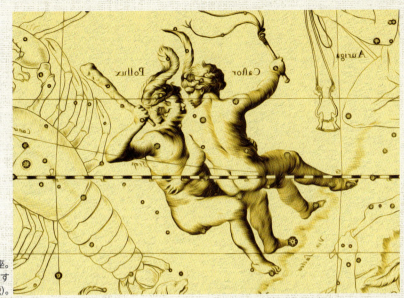

ヘベリウスの星図に描かれた ふたご座。
裏返しで掲載しています
（理由はP13に解説）。

へと向かいました。2人がやってくるのを一早く見つけたリュンケウスはイーダスに場所を教えて槍を投げさせました。槍は不幸にもカストルの身体を貫き、カストルは死んでしまいました。あまりのことにぼんやり立ち尽くすポルックスのそばまでやってきたイーダスは近くにあった墓石を引き抜いて殴りかかりますが、ポルックスはそれをよけると、リュンケウスを槍で貫いて殺してしまいました。イーダスは怖くなって逃げ出しましたが、ゼウスに雷を投げつけられ死んでしまいました。

カストルを失ったポルックスはとても悲しみ自殺しようとしました。しかし、カストルとポルックスは神と人間の間に生まれた双子です。一方は人間と同じく死ぬ運命にあり、もう一方は神と同じ永遠の命を持っていました。ポルックスはどうやっても死ぬことがで

きませんでした。ポルックスは、カストルのいる死の世界へ自分も行きたい、と父であるゼウスに訴えました。カストルのいない世界で生きているのが嫌だったのです。もし、それがだめなら、私の命と引き替えにカストルを生き返らせてほしい、と祈ったのです。ゼウスはカストルを思うポルックスの心に深く胸を打たれました。そして、世の中の兄弟姉妹のすべてが2人のように仲良くするようにと願って、2人を星座にし、ふたご座が生まれました。

ゼウスの力によって、2人は、1日おきに死者の国と神々の世界で一緒に暮らすことになったといいます。

古代ローマ時代には、カストルとポルックスは船乗りの守り神として敬われることになりました。

双眼鏡と天体望遠鏡の選び方と使い方

星空は肉眼でもいろいろな観察ができますが、双眼鏡や望遠鏡を使うと楽しさはさらに大きく広がります。

双眼鏡の種類や大きさは実に様々です。手のひらにおさまるような小さなものから、三脚に付けて使用するような大型のものまであります。おすすめは、気軽に持ち運びできる大きさのものです。レンズの口径でいえば5cm（50mm）前後のものです。倍率はできるだけ低いものを選ぶようにします。意外だと思われるかもしれませんが、倍率が低い方が双眼鏡で見た時に天体がぶれにくく安定しますし、像が明るいため、淡い天体を見つけやすいのです。天体観察の定番といわれているスペックは「7×50（倍率7倍、口径50mm）」と表示されているものです。

天体望遠鏡は、レンズや反射鏡が付いた鏡筒部分（望遠鏡本体）がしっかりした架台と三脚に取り付けられていて、天体を大きく拡大して観察することができます。望遠鏡は接眼レンズの焦点距離を変えることで様々な倍率を選べます。しかし、倍率を上げると像が暗くなるのは双眼鏡と同じです。望遠鏡の口径が大きければたくさんの光を集めることができるのですが、だからといっていくらでも拡大できるわけではありません。地球の大気のゆらぎが天体の像をぼかしてしまうからです。

いろいろな双眼鏡とスペック
双眼鏡は様々な大きさ、スペックのものがありますが、できるだけ倍率の低い機種を選ぶのがよいでしょう。口径は30mm〜50mm、倍率は6倍〜7倍が適しています。右は、双眼鏡に表記されているスペックです。7x50は、倍率7倍、口径50mmという意味です。

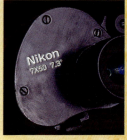

いろいろな天体望遠鏡
これらは入門用に最適と思われる天体望遠鏡です。左は口径13cmの「反射望遠鏡」、真ん中は、口径8cmの「屈折望遠鏡」です。右の望遠鏡は三脚が無く、大口径で比較的安く購入できる口径30cmの「ドブソニアン望遠鏡」と呼ばれる種類です。

接眼レンズ
望遠鏡は焦点距離の違う接眼レンズを使って、倍率を変えることができます。見る天体の種類や、その時の大気の状態によって、最適の倍率を選びます。

さくいん

英字

M1(カニ星雲)	77
M6	45
M7	45
M8(干潟星雲)	45
M10	41
M11	41
M12	41
M13	30、31
M15	59
M17	45
M20	45
M22	45
M27(あれい状星雲)	37
M31(アンドロメダ大銀河)	53、59
M33	59
M35	89
M36	77
M37	77
M38	77
M41	85
M42(オリオン大星雲)	81
M44(プレセペ星団)	15
M45(プレヤデス星団)	77
M46	85
M47	85
M51(子持ち銀河)	11
M52	63
M57(リング星雲)	37
M67	15
M78	81
M83	19
M84	23
M86	23
M93	85
M104(ソンブレロ銀河)	19
NGC253	53
NGC2158	89
NGC7009(土星状星雲)	55
NGC7293(らせん状星雲)	55

あ

アークトゥルス	8、9、22
秋の大四辺形	50、52、54、55、58
アグラウロス	79
アクリシオス	68
アスクレーピオス	42、43、47
アソシエーション	67
アタマース	69
アテナ	20、43、61、65、68、79
アテネ	79、86
アトラス	34、35
アポロン	38、42、43、47、83
アミモーネの沼	16、20
アルカス	24
アルギエバ	15
アルゴス	65、68
アルコル	11
アルゴル	67
アルゴ船	87、90
アルゴ船座	84、87
アルタイル	30、36、37
アルデバラン	74、76
アルテミス	43、47、83
アルビレオ	37、59
アルファルド	19
アルマク	59、67
あれい状星雲	37
暗黒星雲、暗黒帯	41、45、48
アンタレス	30、44、45
アンドロメダ	52、60、64、65
アンドロメダ座	52、58、59、60、66、67
アンドロメダ大銀河	52、53、59

い

イアソン	87
イーカリオス	39
イーダス	90、91
イーノー	69
イオラーオス	20、21
イオルコス	87
いっかくじゅう座	74、81
1等星	6、8、14、22、26、28、50、52、72、74、76、80、81、88
いて座	30、37、44、45、47、54

う

うお座	52
うさぎ座	74、80
うさぎ座R星	81
うしかい座	8、22、23、24
うみへび座	6、8、16、18、19、20、21

え

エウリステウス	16、17、20、34、35
エウリディケ	38
エウロパ	78、86
エチオピア	50、52、60、64、65
エリクトニウス	79
エリダヌス座	74

お

黄金のリンゴ	34、35
おうし座	72、74、76、77、78
おおいぬ座	72、74、84、85、86
おおぐま座	8、10、12、13、15、24、32
おとめ座	8、18、19、22、23、25
おとめ座銀河団	23
おひつじ座	66、67、69
おひつじ座γ星	67
オリオン	46、74、82、83
オリオン座	8、26、46、72、74、80、81、82、83
オリオン大星雲	74、80、81
織り姫星	30
オリンポス	39、56
オルフェウス	38

か

ガーネットスター	63
ガイア	34、79
カシオペヤ	52、64、65
カシオペヤ座/星	63
カシオペヤ座	52、62、63、64、65、66
カストル	39、74、88、89、90、91
かに座	6、14、15、16、18
カニ星雲	77
ガニメーデス	39、57
かみのけ座	8、10、23
カラス	42、43
からす座	8、18、19
カリオペー	38

93

カリスト ……………………………… 12、24
カタン ………………………………………… 38

き

キオス ………………………………………… 82
キマイラ ……………………………………… 61
キャッツアイ星雲 …………………………… 33
球状星団……… 30、31、41、45、48、59
ぎょしゃ座 ……………… 74、76、77、79
銀河……………………………………………
　　　　　8、11、15、19、23、48、53、59
銀河系………………………………………… 48

く

くじら座 ………………………………… 52、65
クリムゾンスター …………………………… 81
クリュタイムネストラ……………………… 39
クレタ ……………………………… 78、83、86
クロノス …………………………………43、47

け

ケイローン ……………………………… 43、47
ケフェウス ……………………………… 52、64、65
ケフェウス座 ……………… 52、62、63、64
ケルベロス …………………………………… 38
ケンタウルス ………………………………… 47

こ

こいぬ座 ………………………………… 74、88
恒星……… 26、48、72、73、81、85
公転 …………………………………………… 70
光年 …………………………………………… 26
コール・カロリ ……………………………… 11
こぎつね座 …………………………………… 37
こぐま座 ……………………… 24、32、33
コップ座 ……………………………………… 18
こと座 ………………………………………
　　…… 26、30、32、36、37、38、39
子持ち銀河 …………………………………… 11
コリントス …………………………………… 61
コルキス ………………………………… 69、87
コルヒドレ ……………………………… 18、19
コロニス ………………………………… 42、43

さ

さそり ………………………………………… 46
さそり座 ………… 30、40、44、45、46
サルミデッソス ……………………………… 87
散開星団… 15、41、45、48、63、67、
　　　　　　　　　74、77、85、89
さんかく座 …………………………………… 59
散光星雲 ………… 41、45、48、74、81
三重星 ………………………………………… 63

し

しし座 ………… 6、8、14、15、17、18
ししの大がま ………………………………… 14
自転 …………………………………………… 70
シュムプレガデスの岩 ……………………… 87
シュリンクス ………………………………… 56
シリウス ………… 26、72、74、84、85

す

すばる ……………………………… 74、76、77
スパルタ ………………………………… 39、90
スピカ …………………………………… 8、22
スモール・スター・クラウド
　（たて座のスタークラウド）………… 41

せ

星雲 …………………………………………… 48
ゼウス…… 12、16、17、20、24、25、
　　　　　34、39、43、47、57、61、64、
　　　　　65、68、69、78、79、83、86、
　　　　　90、91
セリボス ………………………………… 60、68

そ

ソンブレロ銀河 ……………………………… 19

た

たて座 …………………………………… 40、41
ダナエ …………………………………… 65、68
ダブル・ダブル・スター ……………………… 37

ち

チュンダレオス ……………………………… 39
ちょうこくしつ座 …………………………… 53
超新星残がい …………………………… 48、77

て

ティアマト ……………………………… 64、65
ディオニュッソス …………………………… 82
ティリュンス …………… 16、17、20、61
テーベ …………………………………… 69、86
デーメーテール ……………………………… 25
テッサリア ……………………………… 42、69
デネブ …………………………………… 30、36
デネブカイトス ……………………………… 52
デネボラ ………………………………… 8、14
テュフォン …………………………………… 56
天の南極 ……………………………………… 70
天の北極 ………………………… 33、62、70

と

等級 …………………………………………… 26
土星状星雲 …………………………………… 55
とも座 …………………………… 84、85、87
トラキア ……………………………………… 38
トロイ …………………………………… 39、56

な

夏の大三角 ……………………… 28、30、36
南斗六星 ………………………………… 30、44

に

二重星…… 11、15、23、33、37、59、
　　　　　　　　　　67、81、89
二重星団 ……………………………………… 67
日周運動 ………………………………… 33、70
ニンフ…… 12、24、34、38、47、52、
　　　　　　　　　56、64、78

ね

ネメア ………………………………………… 17
ネフェレー …………………………………… 69

は

- パーセク……………………………… 26
- バーナード………………………… 41
- パーン………………………………… 56
- はくちょう座
  ………… 30、36、37、39、40、59
- 化けガニ…………………… 6、16、21
- 化けくじら……………… 52、60、64、65
- ハデス…………………… 25、38、43
- バラ星雲…………………………… 81
- 春の大曲線………………… 6、8、18
- 春の大三角……………………… 6、8
- ハルピュイア……………………… 87

ひ

- ピーネウス…………………… 60、87
- 干潟星雲…………………………… 45
- 彦星…………………………………… 30
- 人喰いライオン……………… 6、17、34
- ヒドラ……………………… 16、20、21、47
- ヒヤデス星団……………… 74、76、77

ふ

- フィリラ……………………………… 47
- フェニキア………………………… 78
- フォーマルハウト………… 52、54
- ふたご座………… 74、88、89、90、91
- 冬の大三角……………………… 74、88
- 冬のダイヤモンド（大六角形）……… 74
- プリクソス…………………………… 69
- プリケルマ………………………… 23
- プレセペ星団…………………… 14、15
- プレヤデス星団………… 74、76、77
- プロキオン……………………… 74、88
- プロクリス………………………… 86
- プロメテウス…………………… 34、35

へ

- ヘーパイストス……………… 79、82
- ヘーベ……………………………… 57
- ヘーラ
  12、16、17、21、24、34、35、57
- ベガ……………… 26、30、32、36
- ペガスス………… 52、61、65、68
- ペガスス座……… 58、59、61、66
- ペガススの大四辺形……………… 58
- ヘスペリデス………………… 34、35

- ベテルギウス……………… 74、81
- へび座………………… 40、42、43
- へびつかい座…… 30、40、41、42、43
- ヘラクレス
  16、17、20、21、34、35、47、57
- ペリアース………………………… 87
- ヘリオス…………………………… 83
- ヘルクレス座…………………… 30、31
- ペルセウス…………… 52、60、65、68
- ペルセウス座…… 52、60、66、67、68
- ペルセフォネー………………… 25
- ヘルメス……………… 56、57、68
- ヘレ………………………………… 69
- ヘレネー………………………… 39
- ベレロフォン……………………… 61
- 変光星……………………………… 67

ほ

- 北斗七星…… 8、10、11、32、44、58
- ポセイドン… 46、64、65、82、83、87
- 北極星………… 32、33、52、62、70
- ポラリス…………………………… 33
- ポリマ……………………………… 23
- ポルックス
  ………… 39、74、88、89、90、91

ま

- マイヤ……………………………… 24
- マレア半島……………………… 47

み

- ミザール…………………………… 11
- みずがめ座
  ………… 39、52、54、55、56、57
- 三ツ星……………………………… 74
- みなみのうお座………… 52、54
- ミノス……………………………… 86
- ミルファク………………………… 67

め

- メディア…………………………… 87
- メデューサ……………… 43、60、65、68
- メロペー…………………………… 82
- メロッテ20……………………… 67

も

- 森の大王……………………… 12、13

や

- やぎ座………………… 54、55、56
- やぎ座α星………………………… 55
- や座………………………………… 37

ら

- ラカイユ…………………………… 84
- らせん状星雲…………………… 55
- ラドーン川………………………… 56
- ラドン…………………………… 34、35

り

- リゲル…………………………… 74、81
- りゅう座………… 32、33、34、35
- リュンケウス…………………… 90、91
- りょうけん座……… 10、11、15、24
- リング星雲………………………… 37

る

- ルキア……………………………… 61

れ

- レグルス…………………………… 14
- レダ…………………………… 39、90
- レムノス…………………………… 82
- レラプス…………………………… 86

ろ

- ろくぶんぎ座……………………… 18
- 六重連星………………………… 89

わ

- 惑星状星雲………… 33、37、48、55
- わし座……………… 30、36、37、39

沼澤茂美　Shigemi Numazawa

新潟県神林村の美しい星空の下で過ごし、小学校の頃から天文に興味を持つ。上京して建築設計を学び、建築設計会社を経てプラネタリウム館で番組制作を行う。1984年、日本プラネタリウムラボラトリーを設立する。天文イラスト・天体写真の仕事を中心に、執筆。NHKの天文科学番組の制作や海外取材、ハリウッド映画のイメージポスターを手がけるなど広範囲に活躍。
近著に『星座写真の写し方』『NGC/IC天体写真総カタログ』『宇宙の事典』『ビッグバン&ブラックホール』『大宇宙MAP』などがある。

脇屋奈々代　Nanayo Wakiya

新潟県長岡市に生まれ、幼い頃から天文に興味を持つ。大学で天文学を学び、のちにプラネタリウムの職に就き、解説や番組制作に携わりながら太陽黒点の観測を長年行ってきた。1985年、日本プラネタリウムラボラトリーに参入して、プラネタリウム番組シナリオ、書籍の執筆、翻訳などの仕事を中心に、NHK科学宇宙番組の監修などで活躍。
近著に『四季の星座神話』『NGC/IC天体写真総カタログ』『宇宙の事典』『ビジュアルで分かる宇宙観測図鑑』『大宇宙MAP』などがある。

デザイン●プラスアルファ

NDC440

子供の科学★サイエンスブックス
星座神話と星空観察
星を探すコツがかんたんにわかる

2015年1月22日　発　行

著　者　　沼澤茂美
　　　　　脇屋奈々代
発行者　　小川 雄一
発行所　　株式会社　誠文堂新光社
　　　　　〒113-0033　東京都文京区本郷3-3-11
　　　　　（編集）電話03-5800-5779
　　　　　（販売）電話03-5800-5780
　　　　　http://www.seibundo-shinkosha.net/
印刷・製本　図書印刷株式会社

©2015, Shigemi Numazawa, Nanayo Wakiya.　　　　　　　　　　　Printed in Japan

検印省略
万一落丁乱本の場合はお取り替えいたします。
本書記載の記事の無断転用を禁じます。

本書のコピー、スキャン、デジタル化等の無断複製は、著作権法上での例外を除き、禁じられています。
本書を代行業者等の第三者に依頼してスキャンやデジタル化することは、たとえ個人や家庭内での利用であっても著作権法上認められません。

Ⓡ＜日本複製権センター委託出版物＞
本書の全部または一部を無断で複写複製（コピー）することは、著作権法上での例外を除き、固く禁じられています。
本書をコピーされる場合は、日本複製権センター（JRRC）の許諾を受けてください。
JRRC（http://www.jrrc.or.jp/　e-mail：jrrc_info@jrrc.or.jp　電話：03-3401-2382）
ISBN978-4-416-11514-5